恐龙大数据

[意] 克里斯蒂娜 · 班菲/著
[意] 茱莉亚 · 德 · 亚米契斯/绘
邓笑萱/译　郭昱/审

電子工業出版社
Publishing House of Electronics Industry
北京 · BEIJING

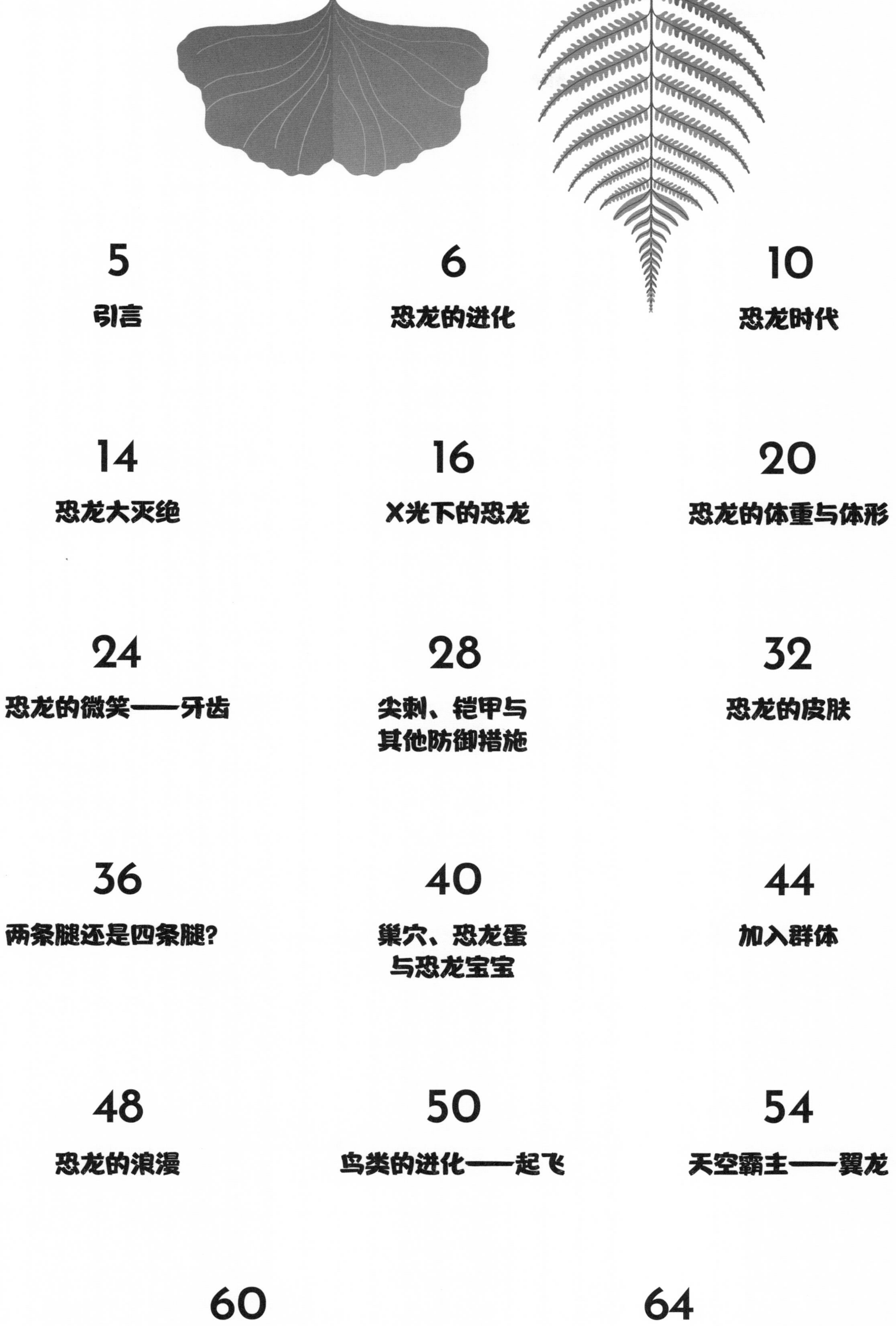

引言

你喜欢恐龙吗？你是个恐龙迷吗？如果你的答案是肯定的，那么这本书绝对是为你量身打造的，因为这本书里有各种各样恐龙的图片和信息。恐龙在2.35亿年前出现在我们的星球上，在白垩纪，也就是中生代的最后一段时期走向了灭绝。大多数恐龙看起来又大又笨重，但有些恐龙却比鸡还小！

这本书将告诉你恐龙是什么样的，它们又是如何灭绝的。恐龙生活在哪个时期？它们吃什么？恐龙现在都消失了，我们又是怎么知道它们曾经存在过的？大量的图表和最新的数据会以一种有趣的方式将这些信息生动、直观地展示在你面前。

我们还会把恐龙和其他史前动物与现在的动物进行比较，让你更清晰明了地掌握关于恐龙的信息。读完这本书，你将了解到更多恐龙背后的科学和历史，也会知道为什么许多科学家到今天还在研究恐龙。

恐龙的进化

没有人不知道恐龙，但我们想象中的恐龙通常是体形庞大、外形可怕的“恐怖的蜥蜴”，会残忍地将猎物撕咬开。而事实上，恐龙的体形、大小各不相同，它们生活在一个漫长的地质时代，古生物学家称之为中生代。

不是只有恐龙

目前已经灭绝的恐龙生活在距今6600万—2.35亿年之间，但**中生代的动物并不是只有恐龙**。恐龙与许多动物共享栖息地，比如鸟类、哺乳动物和昆虫。

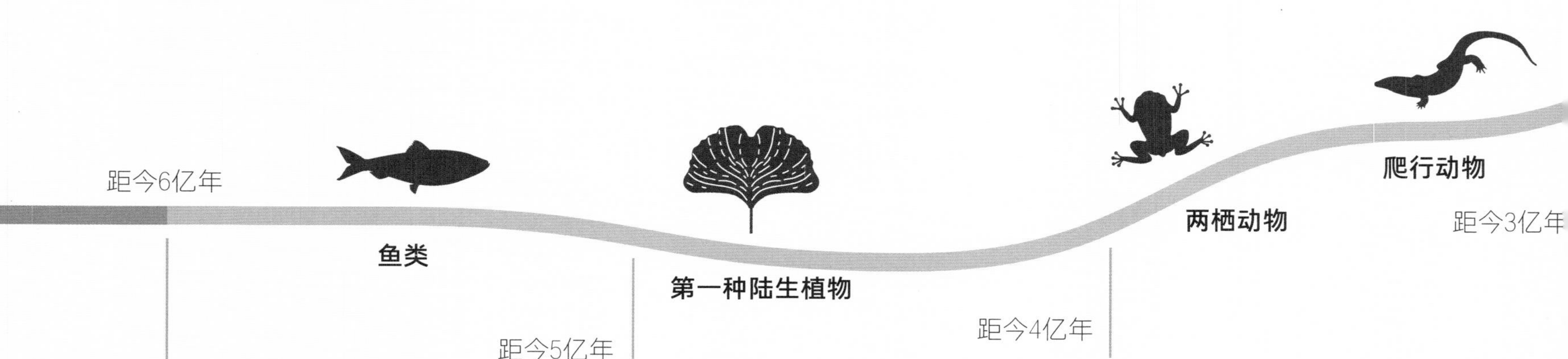

如何定义恐龙?

1 恐龙只**生活在中生代**，所有出现在中生代之外的动物都不能称之为恐龙。

2 **所有的恐龙都生活在陆地上。**

即使有些恐龙能游很短的距离，它们也不像鱼类或者甲壳动物一样永远生活在湖泊、海洋或河流中。许多大型海洋爬行动物生活在中生代，但它们不叫恐龙。甚至那些体形巨大、飞行速度极快的翼龙其实也不是恐龙，它们只是会飞的爬行动物。

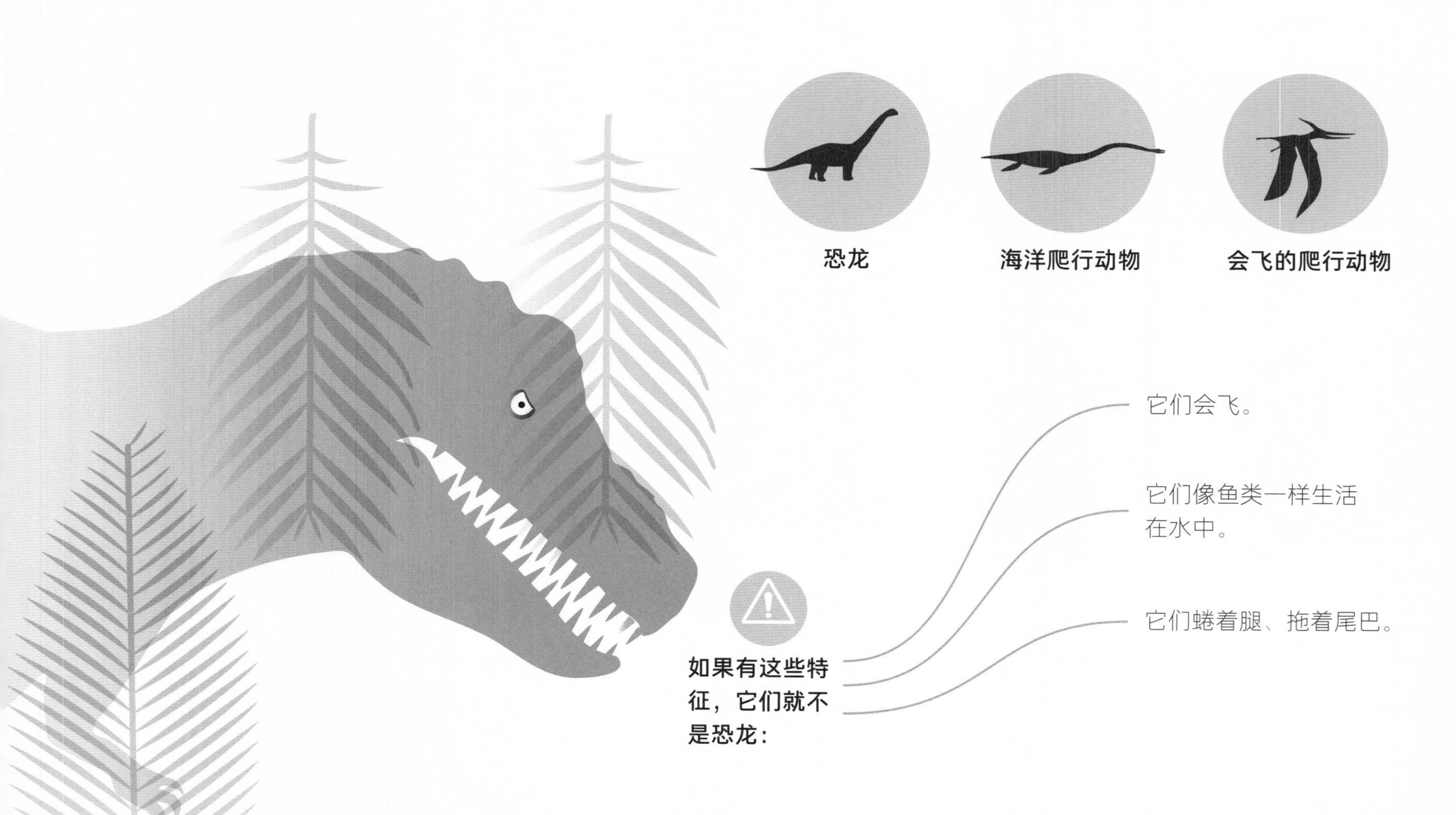

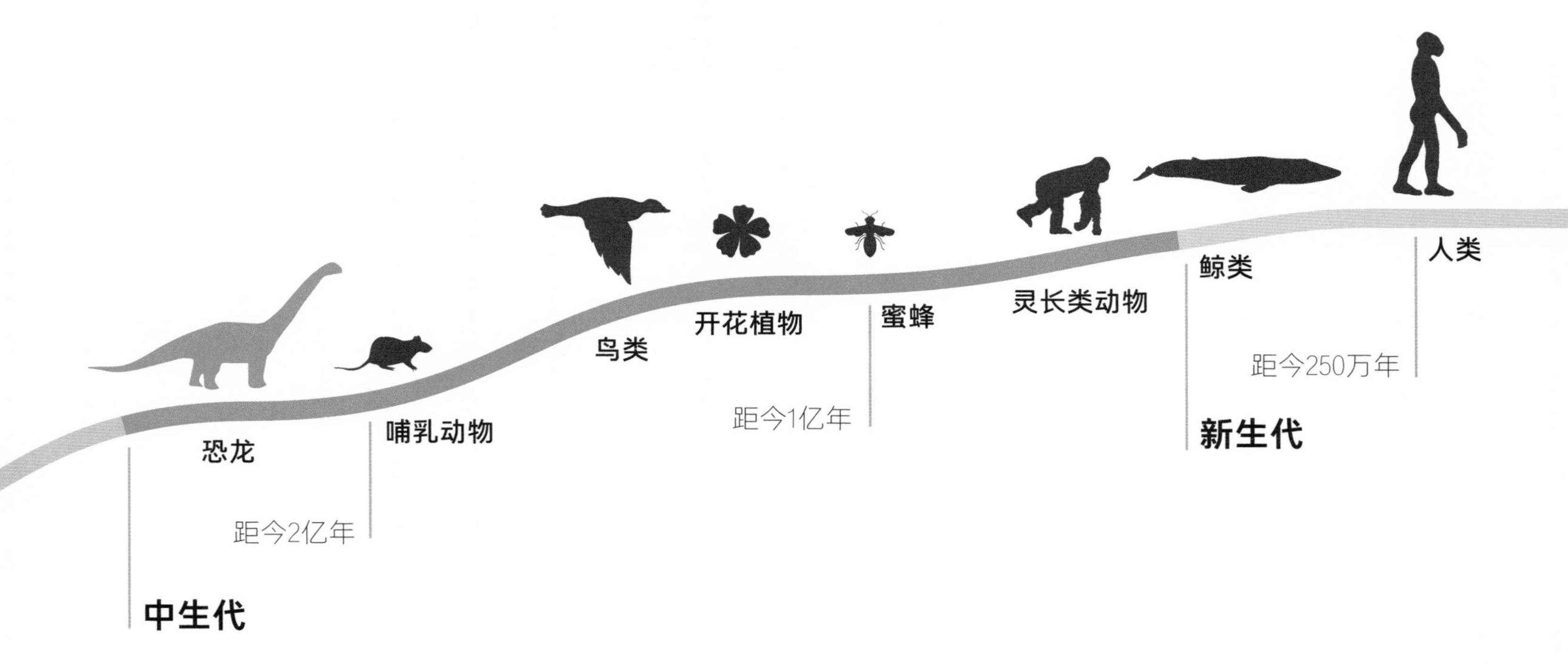

双孔类
（两个孔）

下孔类
（一个孔）

3 恐龙在陆地上行走。它们的腿位于身体的正下方，支撑身体远离地面。许多现存的哺乳动物和鸟类都有这样的特征，这种特征使**恐龙能奔善走**，出色的行动能力也帮助它们在地球上存活了超过1亿年。

4 所有的恐龙都是双孔类动物，在它们头骨的眼窝后方有两个孔，这两个孔使它们的头颅更轻，颌部肌肉也有足够的空间发育。有一小部分爬行动物属于下孔类动物，头骨上只有一个孔。还有一些是无孔类动物，头骨上没有洞。

无孔类
（没有孔）

爬行动物

恐龙

所有恐龙的大脑都很小。

它们与人类共存于史前时代。

它们总是在进行激烈的打斗。

它们都生活在同一时期的同一地点。

如果我们相信这些关于恐龙的说法，那可就大错特错了！

恐龙的分类

不同的恐龙体形和大小有很大的不同，而且我们目前只能研究它们的化石，因此，我们很难对它们进行准确的分类。确定动植物的某些特征并将它们分类是生物学家的工作。1888年，英国古生物学家哈里·西利创建的恐龙分类系统一直沿用至今。他根据恐龙盆骨的结构和形状将其分为两组，称为两“目”，一组为鸟臀目，另一组为蜥臀目。

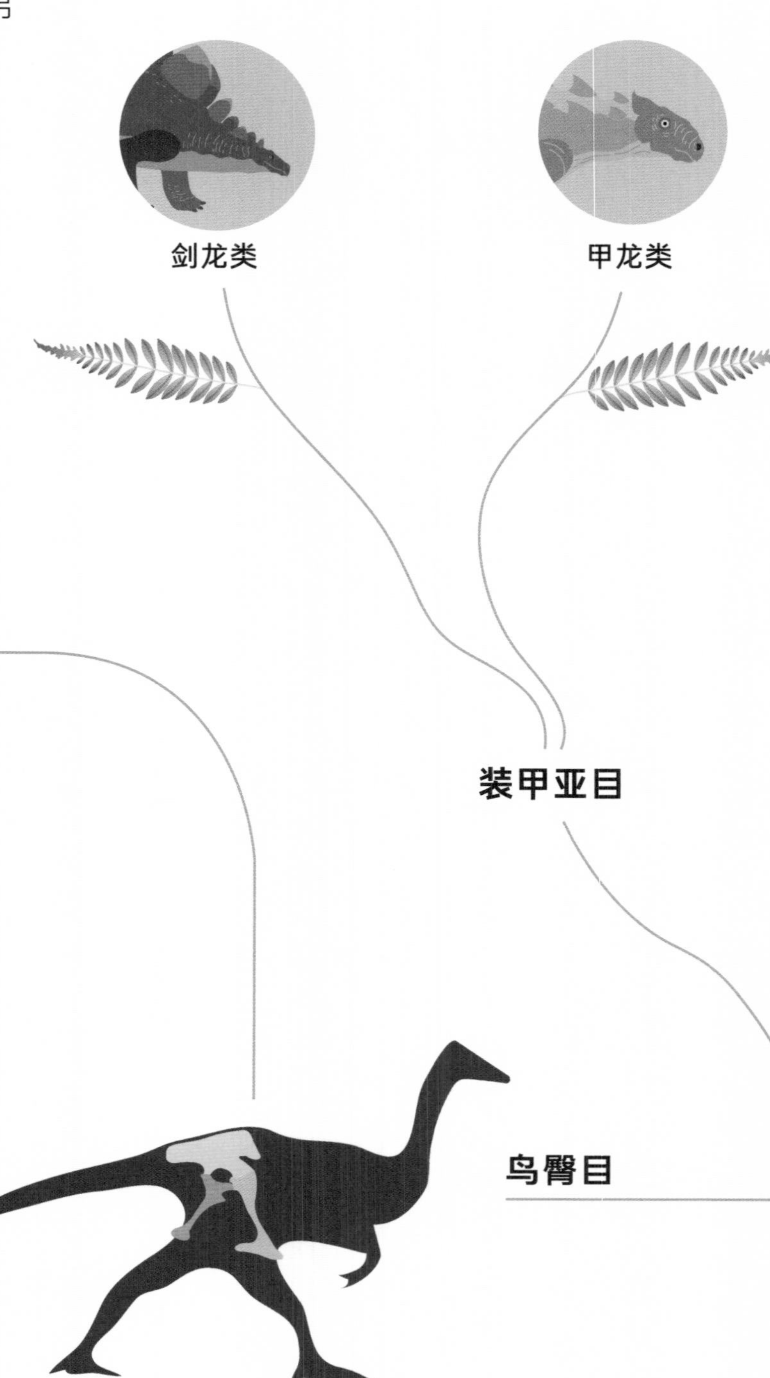

恐龙的目

恐龙的盆骨由3块连接在一起的骨头组成：髂骨、坐骨和耻骨。

髂骨

坐骨

耻骨

鸟臀目

鸟臀目恐龙的耻骨是向后的，与坐骨平行。坐骨位于髋部的上部，又长又窄。鸟臀目都是植食性恐龙，它们骨盆的形状为肠道提供了足够的空间，它们的肠道因为需要消化大量的植物所以庞大、复杂。

蜥臀目

蜥臀目恐龙的耻骨向前，位于两腿中间，这也使得它们速度更快、力量更大。蜥臀目恐龙大多为肉食性恐龙，为了捕捉到猎物，它们必须行动迅速。蜥臀目恐龙髋部上部的髂骨又大又扁，它们强壮有力的腿部肌肉就连接在髂骨上。

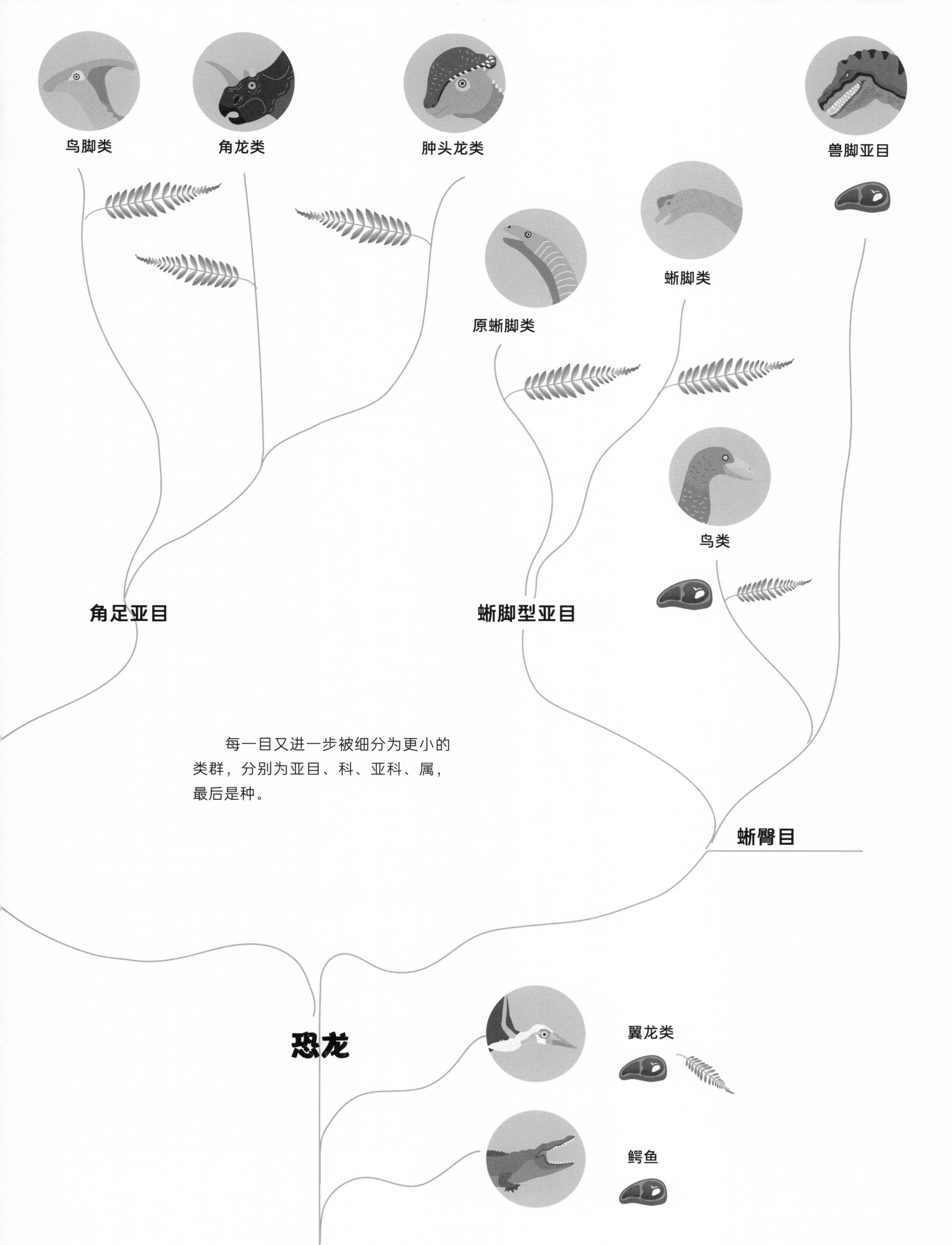

每一目又进一步被细分为更小的类群，分别为亚目、科、亚科、属，最后是种。

恐龙时代

如今，地球上已经没有恐龙了。

它们已经消失了6600万年，但这些生物曾经在地球上繁衍生息，分布于世界各地的栖息地，以不同的方式生存着。古生物学家把恐龙生活的时期叫作中生代（持续了1.86亿年）。

古生物学家还将中生代划分为3个时期：三叠纪、侏罗纪和白垩纪。

三叠纪

三叠纪

三叠纪持续了约5100万年，它始于一次大规模的灭绝事件——这可能是有史以来最严重的一次。当时的地球变得死气沉沉，96%的海洋物种与70%的陆地物种都灭绝了。

早三叠世

当时，地球上的所有大陆连成一体，叫作泛大陆，它被一个巨大的海洋——泛大洋所包围。

晚三叠世

地球开始升温，逐渐成为爬行动物理想的栖息地。初龙类成为陆地脊椎动物的霸主，这一类群也包括恐龙和翼龙。

中生代

持续时间：1.86亿年

距今2.52亿年	三叠纪	距今2.01亿年	侏罗纪	距今1.45亿年	白垩纪	距今6600万年

想一想：生活在三叠纪时期的恐龙，如植食性的板龙，距离晚白垩世的肉食性的霸王龙出现的时间，要比霸王龙距离我们现在的时间还要久远！

泛大陆的内陆地区非常干燥，像沙漠一样，海风吹来的雨云无法到达这个地区。

在此期间，原始两栖动物开始进化成体形更大的捕食者。

中三叠世

泛大陆开始解体，这个现象可能是由特提斯海的收缩引起的。这个时期，地球上到处都是昆虫，海洋里到处都是藻类、珊瑚和海绵。

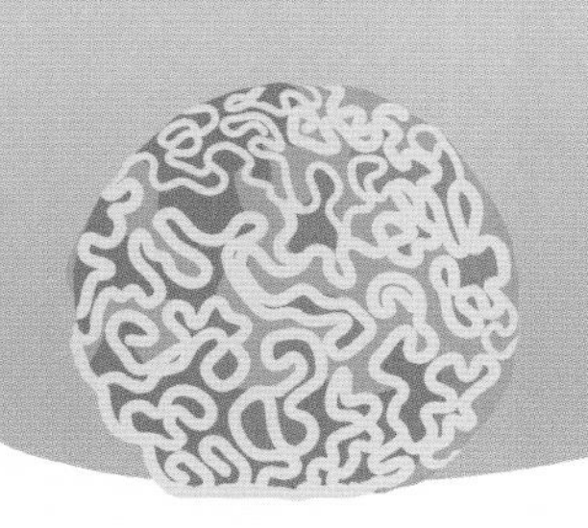

在三叠纪末期，又发生了一次灭绝事件，大约76%的海洋和陆地物种以及分类学意义上大约20%的科的物种全部消失不见了。

侏罗纪

持续了5600万年的侏罗纪时期始于一次灭绝事件，地球开始逐渐变暖。

早侏罗世

早侏罗世的气候十分温和，初龙类（与其他爬行动物）主宰着整个世界。当时出现了最早的哺乳动物，但它们的体形都很小，只栖息在没有被爬行动物占据的土地上。

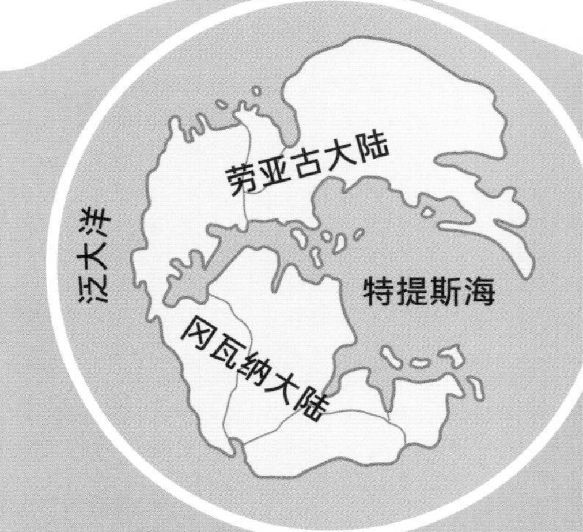

中侏罗世

泛大陆已不复存在，它现在分裂为两个大陆——劳亚古大陆与冈瓦纳大陆。

早白垩世

海平面骤升，淹没了两块大陆上的很多地区，森林面积也随之减少。这一现象对大型蜥脚类恐龙来说十分不利，它们最终走向了灭绝。

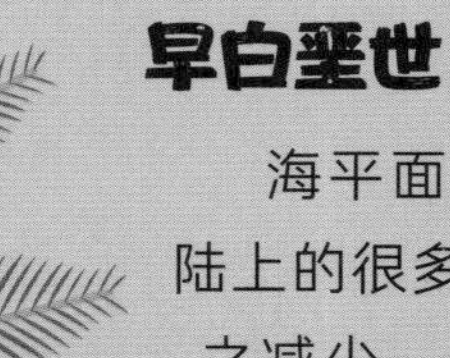

在这一时期，地球开始有了规律的季节，极地变得越来越冷。地球上出现了开花植物，还有一些现在常见的昆虫，如蜜蜂、蚂蚁等。哺乳动物继续进化，最终进化出胎盘，这也促进了许多新的哺乳动物物种的繁衍、进化。

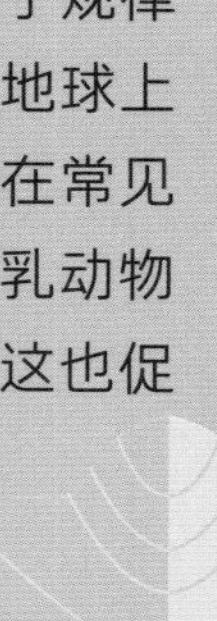

白垩纪

白垩纪持续了7900万年，是中生代最长的一个阶段。许多恐龙消失了，而许多其他种类的动物继续进化，演变得更加多样。第一种有喙无齿的鸟类出现了。

恐龙在白垩纪达到了全盛时期，而这一繁盛状态随着“K-T大灭绝”而改变。在这场大灭绝中，地球上最后一批大型恐龙消失了。

巨大的蜥脚类恐龙和其他恐龙，包括肉食性恐龙和植食性恐龙（虽然当时并没有草）在陆地上行走。

当时，地球上的森林大部分是由针叶树组成的。海洋爬行动物与菊石类动物在海洋中繁衍生息，而翼龙统治着天空。

晚侏罗世

恐龙的体形与大小依旧多种多样。最早的鸟类出现了，其中包括始祖鸟。海平面开始上升，成为许多新生物的栖息之所。

晚白垩世

这是中生代的最后阶段，地球的温度开始下降，并持续到下一个时代。许多恐龙，包括甲龙、三角龙和霸王龙，正处于它们进化的巅峰时期。

它们的故事随着“K-T大灭绝”（白垩纪-古近纪灭绝事件）而落幕。不仅仅是恐龙，当时地球上近四分之三的动植物物种都走向了灭绝。爬行动物对地球的统治已经结束，接下来是哺乳动物接管世界的时代，它们开始慢慢地活跃在这个星球上。

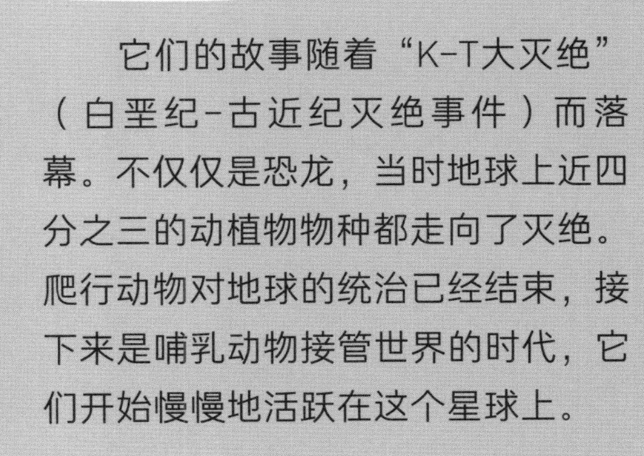

恐龙大灭绝

最后一只恐龙消失于6600万年之前，当时的情况人们至今无法完全解释清楚。究竟是什么原因导致了恐龙的灭绝目前存在着许多说法，究竟是陨石撞击、环境变化，还是火山爆发？不管罪魁祸首是什么，恐龙的死亡很可能是不同的因素共同作用产生的结果。

到底是怎么发生的？
我们只能去推测……

陨石撞击

有证据表明，6600万年前，一颗巨大的陨石在墨西哥湾附近撞击了地球。这次撞击可能产生了700亿吨的灰尘和碎石，它们在空气中弥漫，并在很长一段时间内遮挡住了阳光，导致气温下降约8.3℃。在一个当时已经冷却的星球上，没有阳光就无法进行光合作用，许多植物就会死亡，进而许多植食性动物也会饿死。没有植食性动物作为食物，肉食性动物最终也会灭绝。

气候变化

陨石撞击也进一步导致了大陆的分裂，它极大地改变了地球的气候，让地球不再适合如恐龙等爬行动物生存。

灾难性的地质事件

在中生代末期，地球经历了一段地质不稳定的时期。温度开始变化，同时伴随着强烈的地震、猛烈的火山爆发，空气中充满了火山灰和毒气，陆地动物的呼吸变得更加困难。

新的植物与动物

开花植物的出现给食物链带来了许多问题。开花植物在秋天开始落叶，导致许多恐龙在这漫长的几个月里饿死了。

X光下的恐龙

目前发现的恐龙遗骸几乎都是它们身体里最坚硬的部分，比如骨骼或牙齿，因为这些部位不会轻易腐烂。

有机物（如皮肤等器官）变成无机物（钙等矿物质）的过程被称为矿化作用。最常见的恐龙化石是骨骼、爪和角的矿化残骸。

为了研究恐龙缺失的器官，科学家把它们与现在的动物进行比较，尤其是与那些和恐龙非常相似的动物，如鸟类和爬行动物。

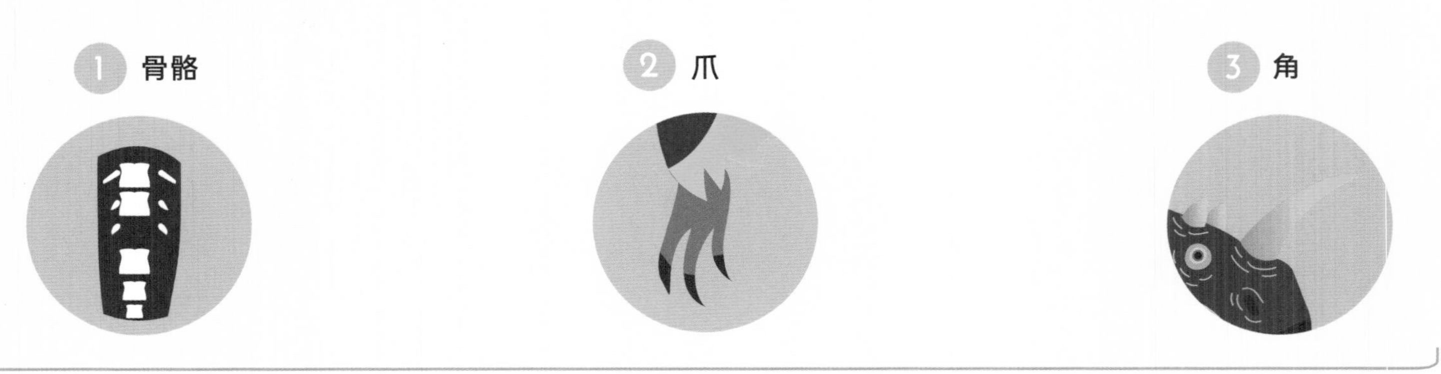

恐龙的器官

心脏

恐龙的血液能够循环主要是因为它们的心脏可以持续跳动。心脏的大小取决于恐龙的体形大小。

霸王龙

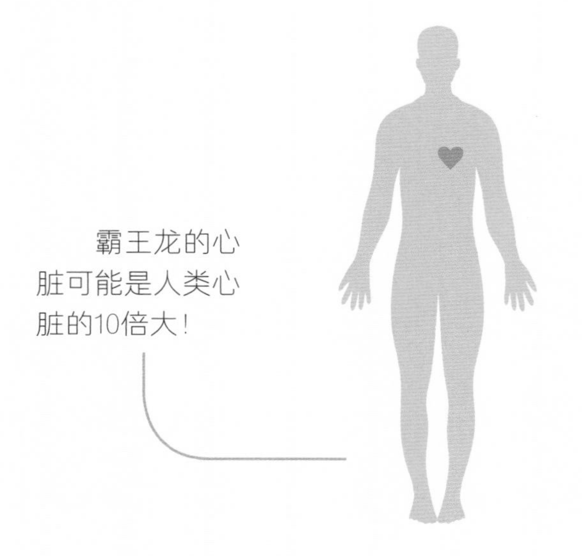

霸王龙的心脏可能是人类心脏的10倍大！

哺乳动物和鸟类的心脏由完全独立的心房和心室组成，心房和心室形成了一个强大的双动泵。这种心脏的构造可以让它们拥有非常活跃的生活方式。那恐龙的心脏呢？根据古生物学家的说法，恐龙的心脏与现代鸟类的心脏非常相似。

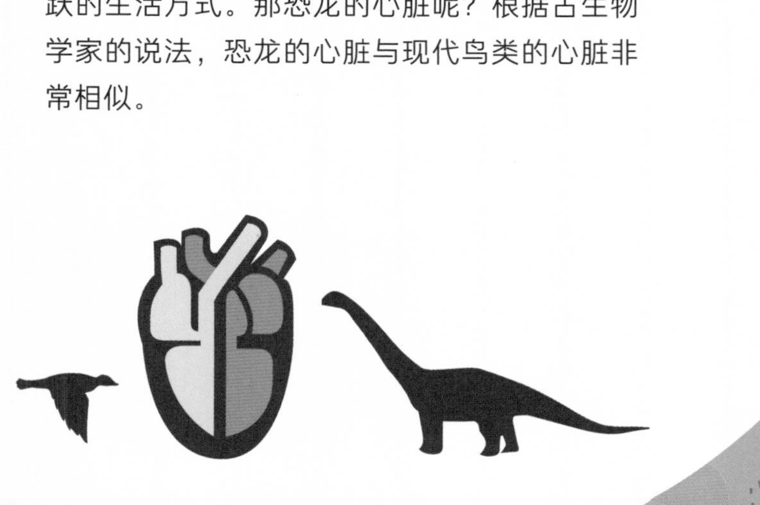

蜥脚类恐龙的心脏巨大无比，大概有28.5千克重。

肺

肉食性恐龙的呼吸方式必须非常高效，以便在它追捕猎物或躲避其他捕食者时有充足的氧气。像霸王龙这样的大型肉食性动物呼吸时，空气会穿过肺部，直接进入与鸟类相似的气囊中，这样的呼吸系统可以保证它每次吸气时吸入更多的氧气。

大脑

动物的生活习惯和运动方式主要取决于其大脑的形状和大小，对恐龙来说也一样。恐龙的大脑通常比同等体形大小的哺乳动物或鸟类的大脑小得多，因此很长一段时间以来，许多人都认为这意味着它们是不太聪明的生物。

然而，恐龙留下的种种迹象都表明它们是行为复杂的动物。它们会照顾幼崽，并与其他恐龙之间存在着社会性活动。肉食性恐龙的大脑稍大一些，因为它们需要更多的智慧来制定狩猎策略。现代爬行动物的大脑可能与恐龙的大脑相似。

伤齿龙是个例外，相对于它娇小的体形来说，它的大脑非常大，这表明它可能比一般的恐龙更聪明，甚至可能和一些现代鸟类一样聪明，比如画眉或喜鹊。

胃与肠道

恐龙消化系统的结构取决于它们是肉食性恐龙还是植食性恐龙。

植食性恐龙的食性

为了储存大量的植物，植食性恐龙的胃必须很大，就像一个巨大的袋子。像现代鳄鱼和植食性的鸟类一样，一些恐龙会吞下小石头（称为“胃石”），帮助磨碎、消化储存在它们肠胃中的食物。胃壁上强壮的肌肉会把叶子和石头混合在一起，然后把食物研磨成小块。

人们认为植食性恐龙的肠道更长一些，有利于充分消化它们所吃的植物，这些植物富含纤维，而纤维是一种非常难消化的营养物质。

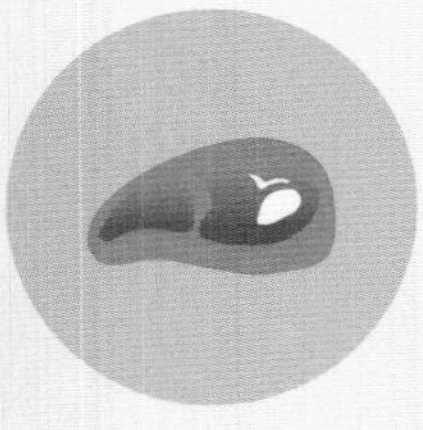

胃

肠道

肉食性恐龙的食性

肉食性恐龙的消化系统就简单得多了，因为消化肉类要比消化植物快得多。肉食性恐龙的肠道很可能藏在骨盆下面，这样在恐龙移动或奔跑时就不会碍事。

胃石

感觉：视觉、嗅觉与听觉

古生物学家通过观察恐龙的头骨来研究它们的感觉器官，更具体地说，他们分析大脑留在头骨上的特征。这些特征为我们提供了线索，帮助我们了解每种恐龙的大脑都有怎样的功能。

视觉

植食性恐龙的眼睛通常长在头的两侧，这是天敌较多的动物的典型特征。每侧都有一只眼睛，这样视野更宽阔，有利于发现天敌。

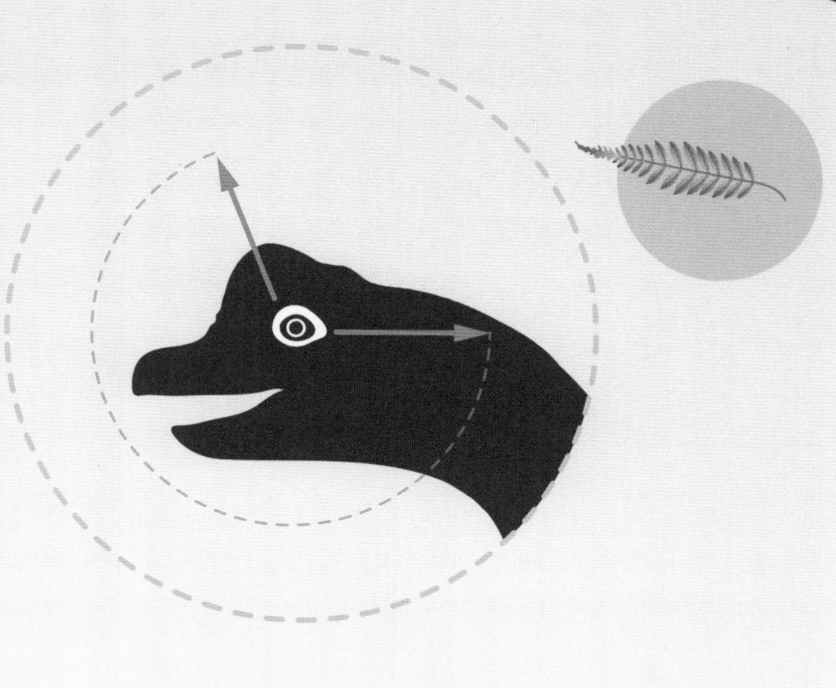

肉食性恐龙的眼睛通常很大，双眼全部朝向前方。它们的眼睛通常会形成三维视觉效果，有助于它们更准确地判断自己与猎物之间的距离，以此决定抓住猎物所需要的速度。

嗅觉

大多数恐龙的嗅叶（大脑中负责嗅觉的部分）都很大，因此我们认为嗅觉对恐龙寻找食物或识别同类至关重要。

听觉

我们对恐龙的听觉知之甚少。像现代的爬行动物和鸟类一样，恐龙没有外耳，它们的中耳或内耳可能高度发达。

恐龙宝宝能探测到高频的声音，就像狗和海豚一样。而成年恐龙可能对低频声音很敏感，它们用低频声音进行长距离的交流，就像大象或鲸一样。

恐龙的体重与体形

恐龙这个词会让人联想到可怕的爬行动物，它们的身体巨大而沉重，每走一步地面都会随之颤动。地球上的确曾有过许多大型恐龙，但也不乏大小与现代常见动物相似的恐龙。

哪个最大？
哪个最小？
哪个最重？
这是个复杂的问题……

长度

我们如何判断恐龙的体形？测量长度似乎是最简单的方法，因此我们要做的就是测量恐龙骨架。

然而，由于恐龙在6600万年前就已经灭绝了，很少有完整的骨骼可以供古生物学家进行研究，所以他们只能根据已经发现的骨骼化石来估算恐龙的大小。

24米
雷龙

植食性恐龙

我们可以确定的是，某些植食性恐龙可以用“庞然大物”来形容，比如蜥脚类恐龙，或许你站在一栋建筑的三楼窗口处扭头就能看见它。

26米
梁龙

8米
三角龙

肉食性恐龙

因为许多植食性恐龙的体形都庞大无比，所以肉食性恐龙也必须足够大才能够攻击大型猎物，并有希望捕获它们。

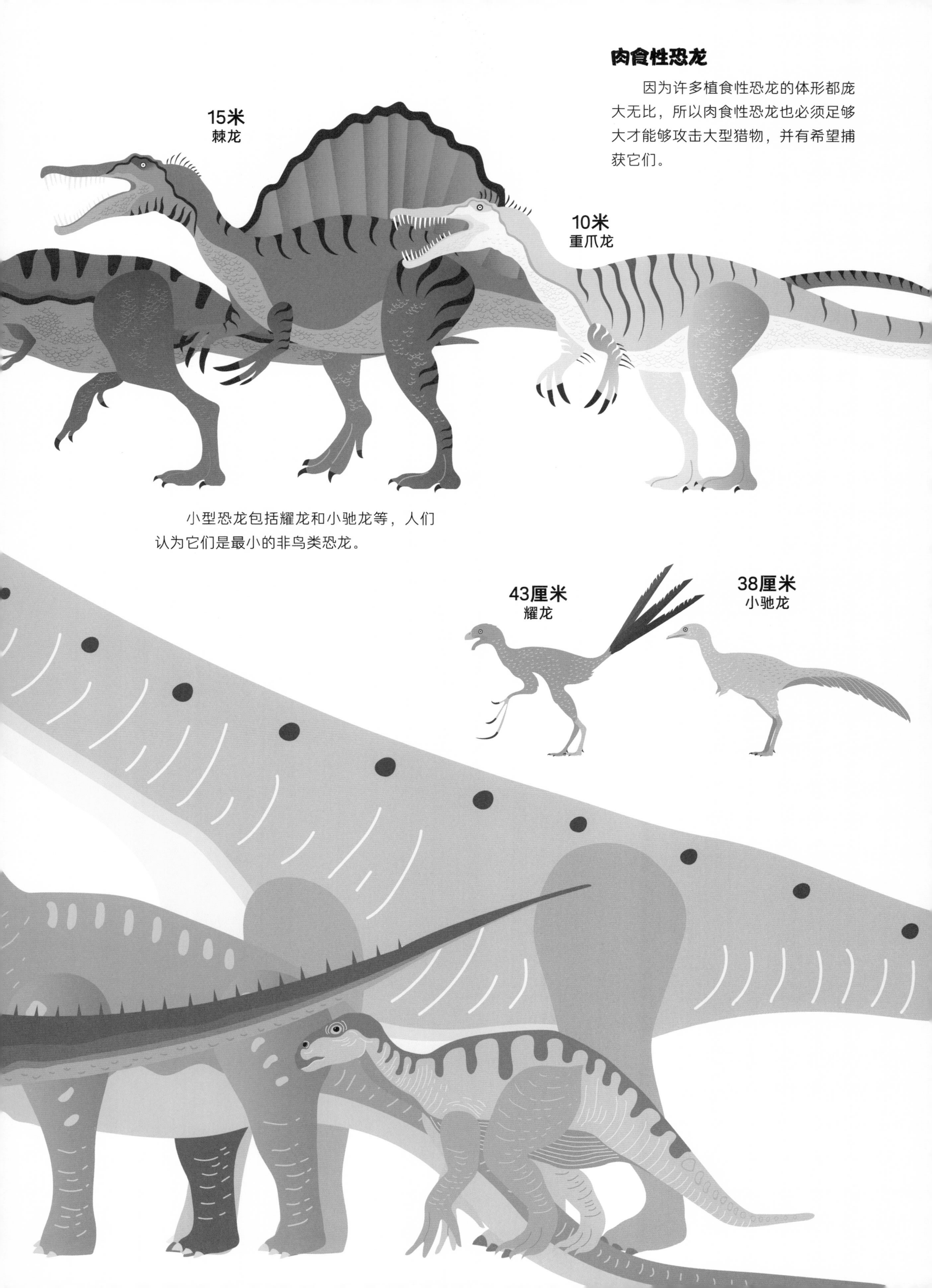

小型恐龙包括耀龙和小驰龙等，人们认为它们是最小的非鸟类恐龙。

体重

古生物学家不得不借助数学方法来计算恐龙的体重。通过测量某些骨骼的长度，比如股骨，他们可以估算出这个重要的结构性骨骼能够承受多大的质量。古生物学家估计，某些蜥脚类恐龙的体重能达到77吨，大概是现存最大动物蓝鲸体重的一半。

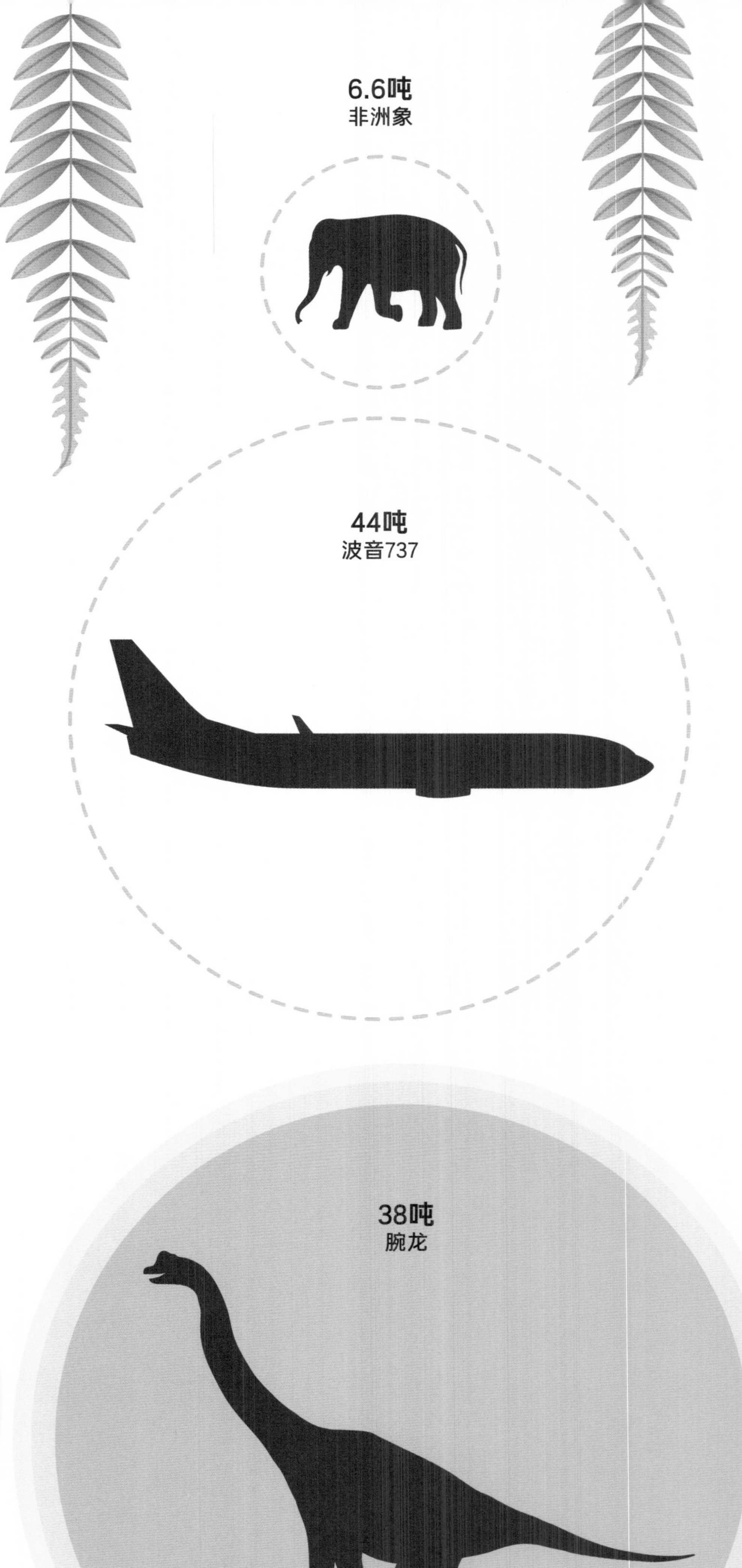

55吨
阿根廷龙
77吨
神奇灵武龙

恐龙的微笑——牙齿

动物的牙齿有助于我们判断它们喜欢什么食物、在哪里找到这些食物。

有些牙齿是用来扯下植物的，而有些则是用来撕咬猎物的。牙齿的大小、形状和数量为我们提供了很多有关恐龙的信息。

人们还发现了没有牙齿的恐龙化石，这给古生物学家带来了极大的挑战，因为这些恐龙的饮食习惯就成了一个谜。还有一些恐龙有喙但没有牙齿，这些锋利的喙通常是用来啄树叶和其他植物的，无法用来捕食动物。

许多恐龙能够不断更新牙齿，坏掉的或磨损的牙会周期性脱落，然后长出锋利的新牙。

恐龙的种类繁多，所以恐龙牙齿的大小和形状差异很大，并没有标准尺寸。

一些恐龙只有少量的牙齿，且间隔较大；而另一些恐龙牙齿很多，且成排紧密地生长，就像电影院的座位一样。有些恐龙的牙齿长在口腔的前部，有些则靠后一些。

肉食性恐龙

兽脚亚目等肉食性恐龙有尖牙，有些是直的，有些是弯的。它们的牙齿边缘通常呈锯齿状，能将猎物的肉撕开。肉食性恐龙的牙齿并不是用来咀嚼的，而用来拖倒或锁住猎物。许多肉食性恐龙甚至会把猎物整个儿或大块吞下去，就像鲨鱼或鳄鱼一样。

霸王龙的牙齿有香蕉那么大！正常情况下它们有50~60颗牙齿，不同位置的牙齿作用也不同。霸王龙的门牙用来咬住猎物，中间的牙齿用来撕咬食物，而后排的牙则帮助它把食物咽下去。

有些恐龙的牙齿呈圆锥形，没有锯齿。这就表明这些恐龙以鱼类为食，不吃其他陆地动物。棘龙就是一个很好的例子，它的牙齿和鳄鱼的牙齿类似。

30厘米
霸王龙
（比例为1:1）

有史以来最大的恐龙牙齿当属霸王龙的牙齿，它足足有30厘米长！

牙釉质

牙根

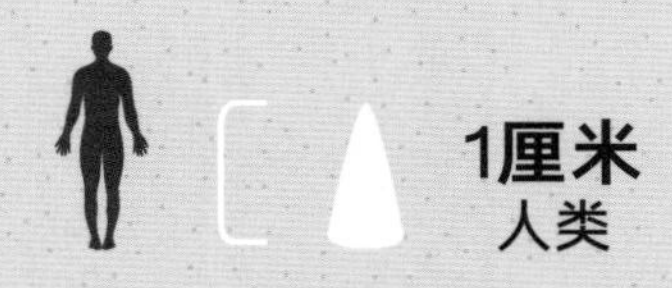

1厘米
人类

8厘米

大白鲨

植食性恐龙

许多植食性恐龙有着角状的喙或者很小的牙齿。

然而三角龙的牙齿却很大，它们排成长长的一排，就像一把剪刀，帮助三角龙咬断树叶等植物。

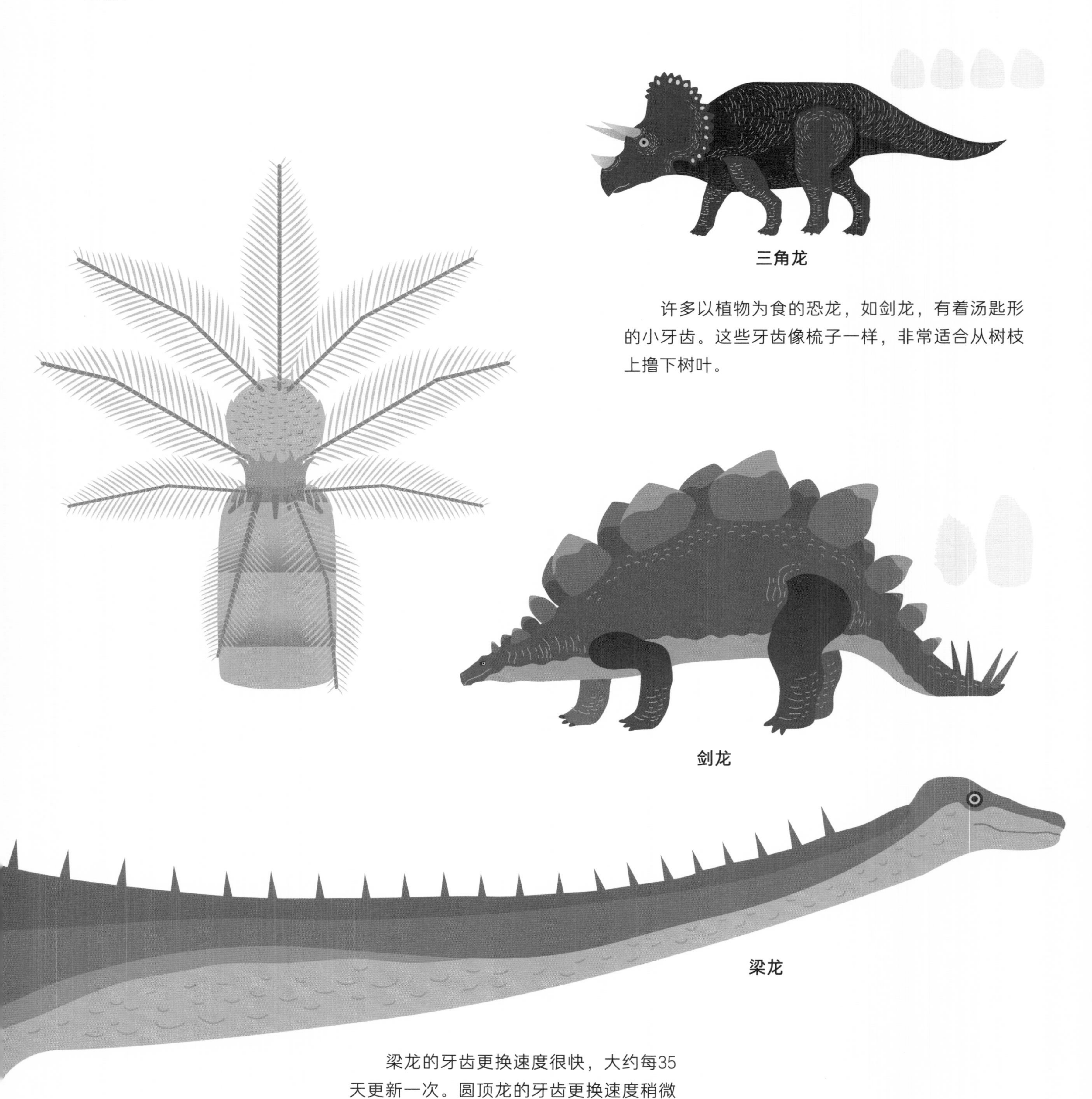

三角龙

许多以植物为食的恐龙，如剑龙，有着汤匙形的小牙齿。这些牙齿像梳子一样，非常适合从树枝上撸下树叶。

剑龙

梁龙

梁龙的牙齿更换速度很快，大约每35天更新一次。圆顶龙的牙齿更换速度稍微慢一点儿，大约每两个月更新一次。

鸭嘴龙的牙齿比其他恐龙都多，足足有960颗！它的上牙与下牙整天不断地磨合咀嚼。

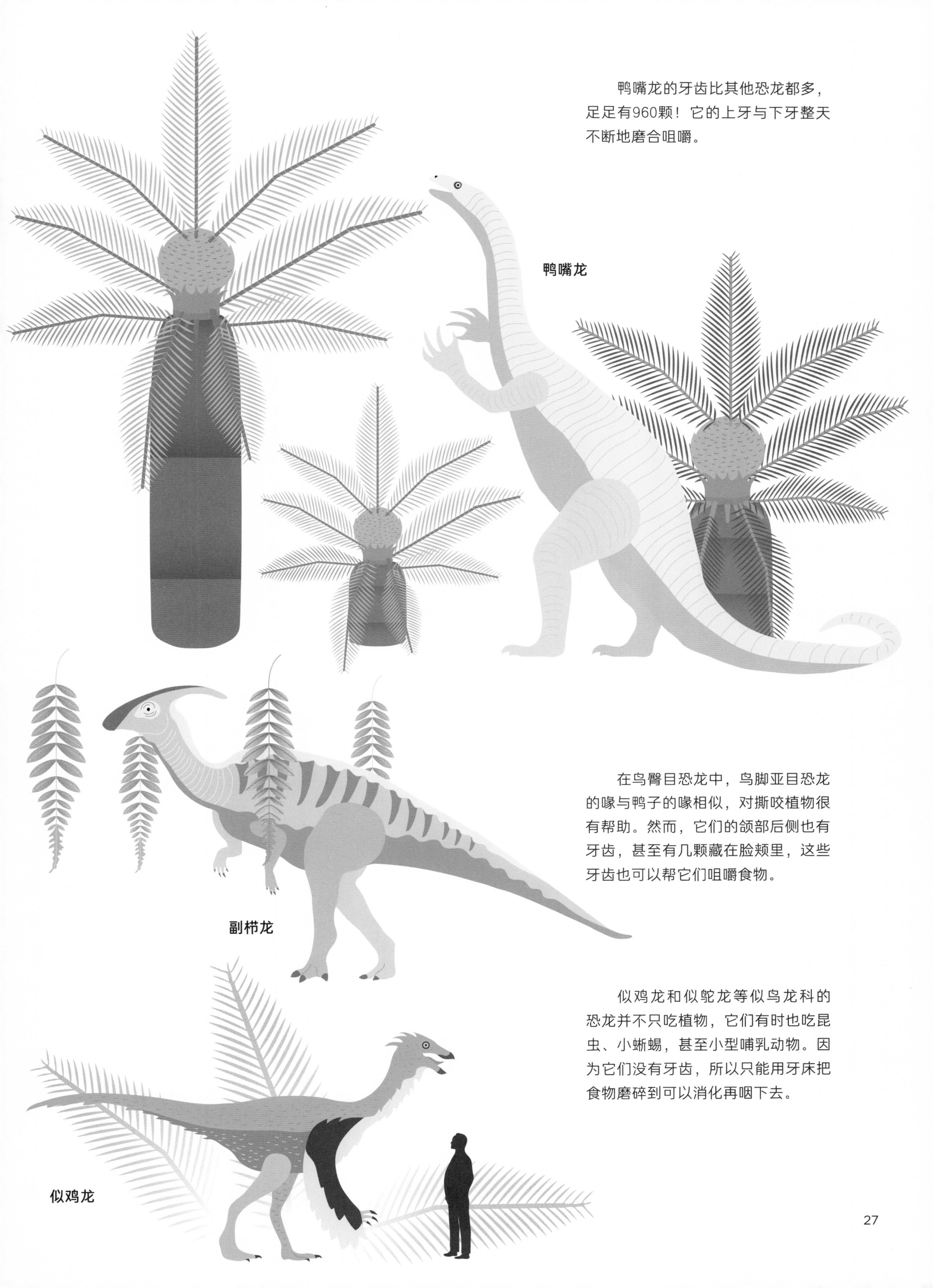

在鸟臀目恐龙中，鸟脚亚目恐龙的喙与鸭子的喙相似，对撕咬植物很有帮助。然而，它们的颌部后侧也有牙齿，甚至有几颗藏在脸颊里，这些牙齿也可以帮它们咀嚼食物。

似鸡龙和似鸵龙等似鸟龙科的恐龙并不只吃植物，它们有时也吃昆虫、小蜥蜴，甚至小型哺乳动物。因为它们没有牙齿，所以只能用牙床把食物磨碎到可以消化再咽下去。

尖刺、铠甲与其他防御措施

在食物链中，植食性动物一直都是猎物的角色，这个规律也同样适用于恐龙。作为猎物，植食性恐龙必须形成自我保护的防御机制，才能够抵抗肉食性恐龙的捕食，存活下来。这些防御措施越复杂，生存的概率就越高。

一些恐龙的奔跑速度越来越快，还有一些恐龙采取非洲角马“以数量取胜”的方法聚集成大群。还有许多恐龙进化出了独特的身体防御系统，可以用来抵御攻击者。这些防御措施包括角、爪、尾锤和尖刺。

甩起鞭子

蜥脚类恐龙身躯庞大，所以很少受到攻击。但是如果遇到危险，它们就会甩起像鞭子一样的尾巴，让敌人无法靠近。

超龙与腕龙用它们像鞭子一样强壮的尾巴保护自己。

穿好铠甲

恐龙的铠甲形状和大小不同，通常是结实的骨质甲板，也叫作“真皮骨”或“鳞甲”。如今，像鳄鱼和犰狳等动物也进化出了相似的防御机制。

一些恐龙的身体上有能保护自己的尖刺，通常情况下尖刺沿着它们的后背和身体两侧生长，有些也长在尾巴、头部和脸上。带有尖刺的恐龙通常移动得非常缓慢，例如剑龙。因此，它们很少攻击其他恐龙。在大多数情况下，这些尖刺只是为了不让捕食者伤害它们。

背上有甲板的恐龙自然被称为“装甲恐龙”。甲龙可能是最著名的装甲恐龙，它们的铠甲很重，所以它们的行进速度最快不超过每小时10千米。这些碰不得的恐龙就像一辆辆小坦克！

甲龙

肢龙

剑龙

甲龙

早侏罗世

许多恐龙的背上开始出现成排的骨质鳞甲。

晚侏罗世

某些恐龙的背部和肩膀上开始出现尖刺或甲板，还有带有尖刺的尾巴。

白垩纪

许多恐龙的背部、肩膀和尾巴上的刺和甲板都进一步发育。

甲龙的尾锤

棒状的尾巴

甲龙的尾巴末端有个大大的尾锤，是由几块骨头结合在一起构成的。现代爬行动物都没有像甲龙那样具有防御能力的尾巴。

多亏了甲龙强壮的尾部肌肉，它的尾锤才能毫不费力地左右甩动，如果捕食者被尾锤击中，轻者身受重伤，重者可能危及生命。

剑龙的三角形甲板

钉状龙的背刺足足有58厘米长！

尖刺与甲板

许多像钉状龙的恐龙背部有两排三角形甲板，从颈部开始生长，一直长到尾巴尖。

钉状龙

它们的尾巴尖通常有2～4根尖刺，有些长60厘米，这些锋利的尖刺会刺痛捕食者。

巴加达龙

在阿根廷发现的一种9.8米长的蜥脚类恐龙巴加达龙是另一种有尖刺的恐龙。它的脖子上的尖刺是颈骨延伸出来的椎骨，可以防止捕食者咬它的长脖子。

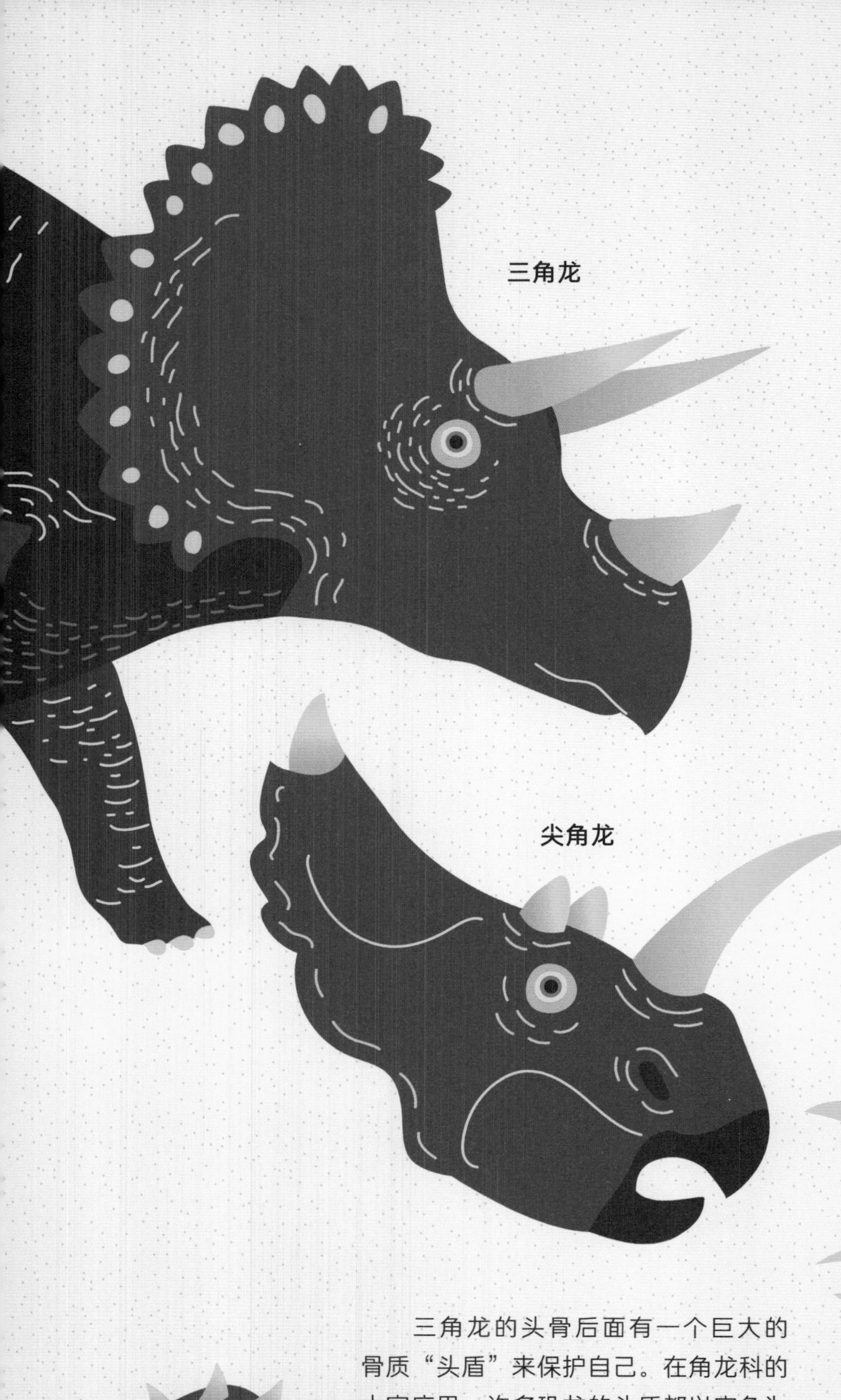

角

最著名的有角恐龙是三角龙，属于角龙科。三角龙的三个大角是由坚硬的骨头构成的，长在头骨眼窝上方的两个角可达1.2米长，直径约为30厘米。

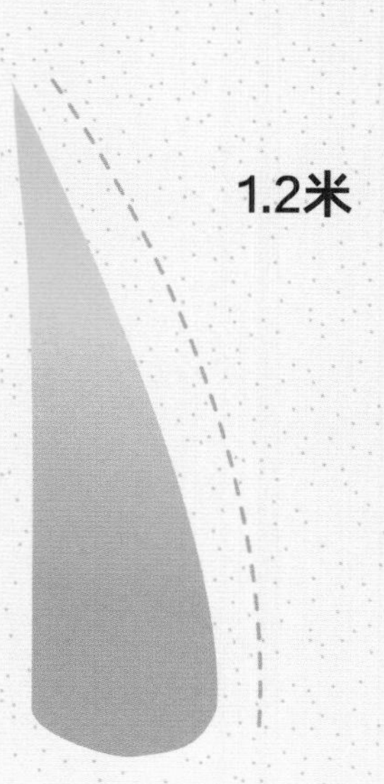

因为有这些巨大的角，三角龙的头可能重达半吨。虽然它们的头很重，但是头骨内部关节十分灵活有力，可以随意转动头部，头上的角也成为抵抗捕食者的有力武器。一些古生物学家认为，三角龙的角足以从侧面撞穿一辆车！

戟龙

三角龙的头骨后面有一个巨大的骨质“头盾”来保护自己。在角龙科的大家庭里，许多恐龙的头盾都以实角为标志，而不仅仅是真皮骨。

五角龙

三角龙是一种防御型恐龙，但有时会攻击自己的同类。当受到攻击时，群体中体形最大、最强壮的恐龙通常会把年幼体弱的成员围起来，角指向攻击者。现代麝牛在对抗狼的时候也有着类似的行为。

爪

有些种类的恐龙前肢上有爪，可以用来抓取植物。

禽龙就是其中一例。这种大型植食性恐龙身长约10米，以大量的树叶为食。它们可以用锥形的拇指拉低树枝，且拇指比其他的手指都要大，而且爪更锋利。

禽龙很可能也用它们尖利的爪作为武器，尤其是在它们受到攻击的时候。

最令人惊讶的爪属于镰刀龙。这种白垩纪时期奇怪的恐龙有着像大刀一样的爪，每只爪可以长到91厘米长，大约和人类手臂差不多。它们的爪子可以用来抓取树叶，也可以当作防御捕食者的武器。

恐龙的皮肤

我们所知道的关于恐龙皮肤的一切知识都来自我们所拥有的为数不多的恐龙化石，但大多数化石上没有任何皮肤组织。尽管如此，皮肤在化石上留下的印记也能为我们提供一些线索。

在恐龙化石上发现皮肤的痕迹是相当罕见的。恐龙的遗骸在特别干燥的环境中脱水后才会形成印记。在遗骸完全变成化石之前，矿物质会渗入皮肤和肢体，有时会留下印记。

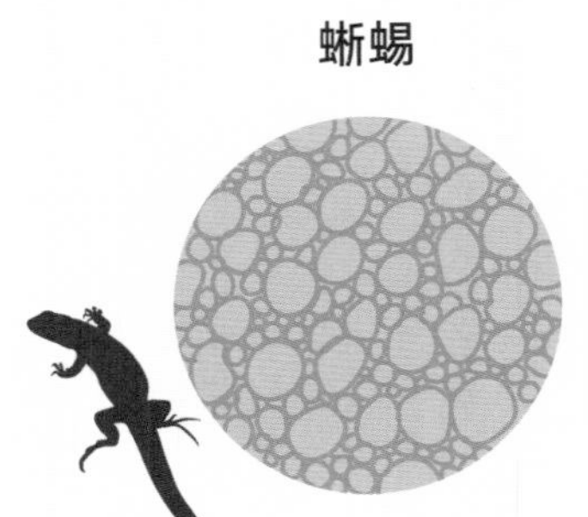

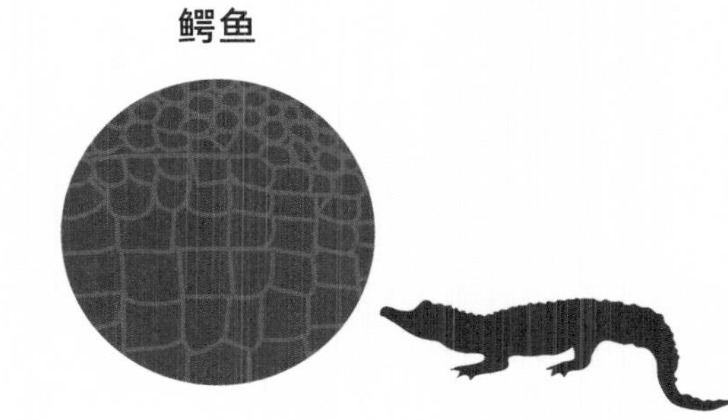

鳞片

化石告诉我们，恐龙坚硬的皮肤上覆盖着鳞片，这一点与现代爬行动物相似。因此，通过观察现代爬行动物，我们可以了解到很多关于恐龙皮肤的信息。然而，并不是所有的恐龙都有相同类型的皮肤和鳞片，因为恐龙在地球上存在了上亿年，所以有足够的时间让不同的物种进化。即使是现代的爬行动物的皮肤类型也不相同，例如，蜥蜴皮和鳄鱼皮就大不相同。

埃德蒙顿龙

埃德蒙顿龙的皮肤又厚又硬，但它的关节、腿和脖子上都有褶皱的皮肤，行走时活动自如。

鸭嘴龙

鸭嘴龙的皮肤很厚，上面覆盖着大大小小的甲片。

鹦鹉嘴龙

鹦鹉嘴龙的皮肤上覆盖着圆形鳞片。现存的其中一个标本尾巴上覆盖着长达15厘米的刚毛状中空的刺，与现代豪猪的棘刺相似。

霸王龙

霸王龙坚硬的皮肤上布满了粗糙的鳞片和斑点。

羽毛

150多年来，古生物学家们已经发现了恐龙和鸟类之间密切的进化关系，这要归功于一种叫作始祖鸟的有羽毛的小型动物的遗骸。但直到20世纪90年代，人们发现了一个化石数量令人叹为观止的恐龙化石遗址，才永远地改变了我们对恐龙的看法。人们在该遗址中发现了一种特别的恐龙残骸，其特征与如今的羽毛相似。

我们知道许多恐龙是温血动物，就像鸟类和哺乳动物一样，鳞片在维持体温方面的作用不是很大，所以一些恐龙长出原始羽毛来维持体温。

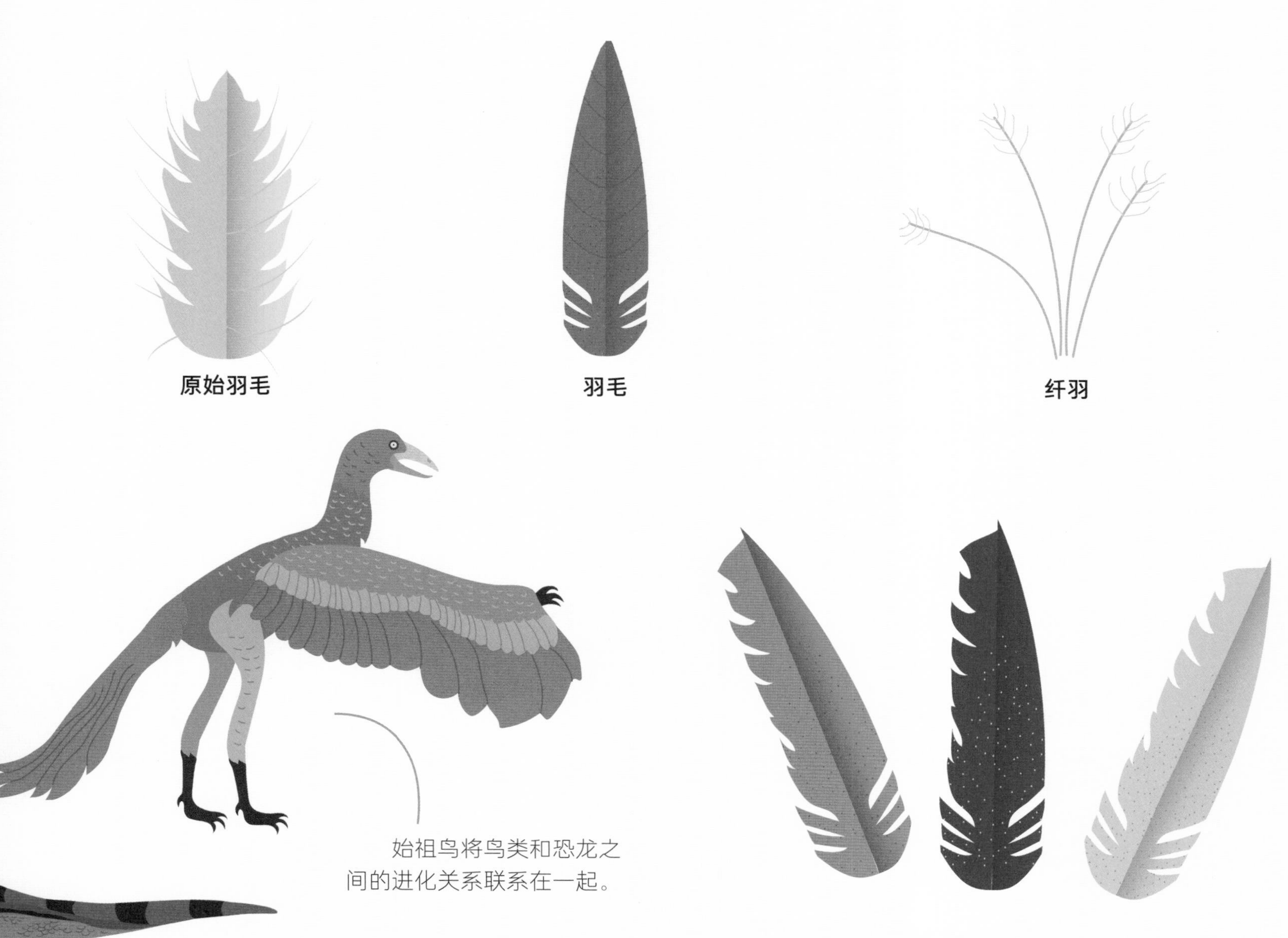

始祖鸟将鸟类和恐龙之间的进化关系联系在一起。

后来到了中生代，原始羽毛进化成飞羽，动物们得以飞翔。羽毛轻盈柔韧，但强度高、承重能力强，是飞行中托起身体质量的最佳选择。

如今，据科学家们了解，拥有原始羽毛的恐龙最早出现在中生代中期。

在接下来的时期里，除了如霸王龙之类的大型恐龙可能只在刚出生时有羽毛，兽脚亚目恐龙几乎都有羽毛，霸王龙很可能是在成长过程中褪掉了羽毛。你能想象长着羽毛的霸王龙吗?

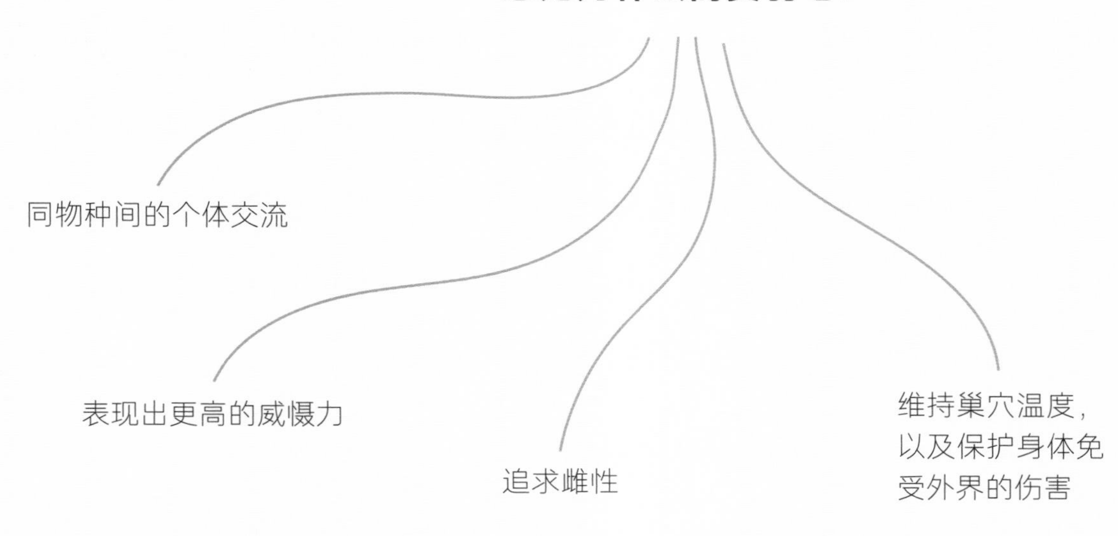

颜色

很遗憾，我们对恐龙的颜色知之甚少。决定皮肤颜色的色素没有在恐龙化石上或脱水的恐龙皮肤中保存下来。许多古生物学家认为，恐龙可能和现代爬行动物一样利用皮肤的颜色和图案来融入环境，以免被捕食者或猎物发现。

可能会有色彩鲜艳的恐龙，就像变色龙或蜥蜴一样。艳丽的色彩可能会帮助某些恐龙吸引异性，或向同类发出社交信号。

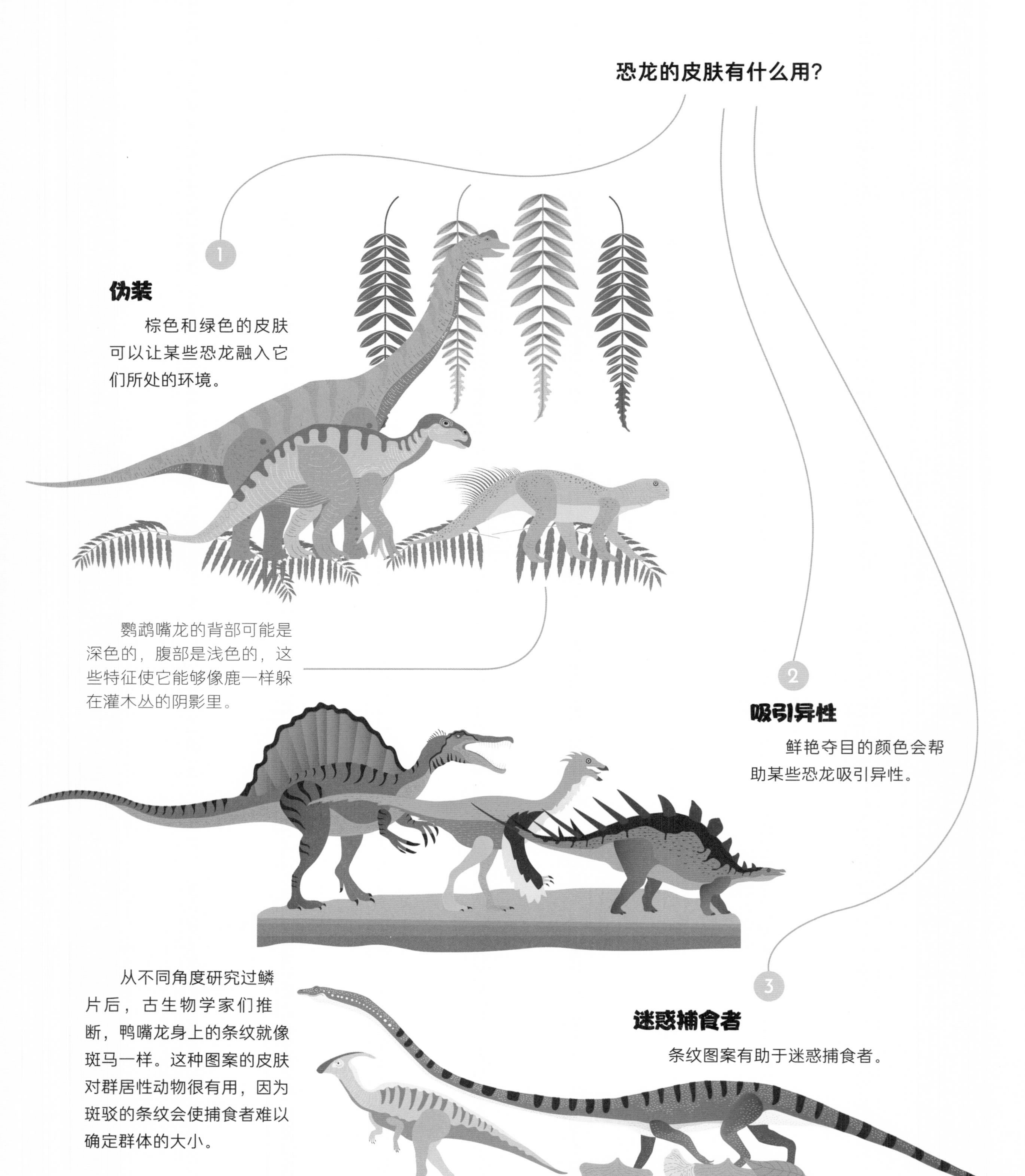

原始羽毛

原始羽毛与皮肤不同，在恐龙的羽毛化石中，科学家们发现了黑素体，这是一种赋予羽毛颜色的微小结构。

奇翼龙

奇翼龙的羽毛大部分是黑色的，头部的羽毛为黄色和棕色。

中华龙鸟

中华龙鸟身上覆盖着棕色的羽毛，尾巴上有黑白色条纹。

小盗龙

小盗龙有闪亮的黑色羽毛，很像现在的鹩哥。

近鸟龙

近鸟龙全身覆盖着黑色和灰色的羽毛，翅膀边缘为白色，头顶上长有红色的羽冠。

丝鸟龙

丝鸟龙的羽毛沿着翅膀和尾巴深浅交替地分布。

两条腿还是四条腿？

虽然我们无法看到恐龙走路的样子，但我们可以通过它们脚的化石和保存在岩石中的脚印来推断它们行走的速度和姿态。

与现代爬行动物不同，恐龙的腿通常较长，那些跑得快的恐龙更是如此，比如兽脚亚目恐龙和鸟脚亚目恐龙。巨大的蜥脚类动物用强壮的腿来支撑它们沉重的身体。

我们需要对它们进行区分：有的恐龙用四条腿行走；而有的恐龙用两条后腿行走。

有些恐龙物种可以自由选择用两条腿还是四条腿走路，就像现代的熊或大猩猩一样。

双足恐龙

双足恐龙的前腿并不是用来走路的。它们的前腿适于抓握，可以用来撕扯树叶或寻找猎物。

四足恐龙

四足恐龙的前腿通常比后腿短，有些恐龙可以只用后腿短暂地支撑起身体的前半部分，但它们在跑步时用的是四条腿。

霸王龙

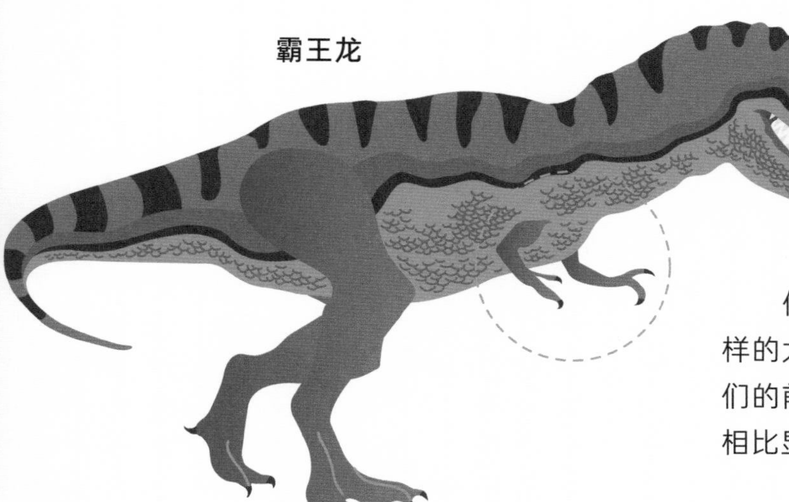

特暴龙

像霸王龙和特暴龙这样的大型肉食性恐龙，它们的前腿与身体其他部分相比显得很小。

兽脚亚目恐龙

兽脚亚目恐龙的脚与鸟类的脚相似，3个脚趾向前，1个脚趾向后。

蜥脚类恐龙

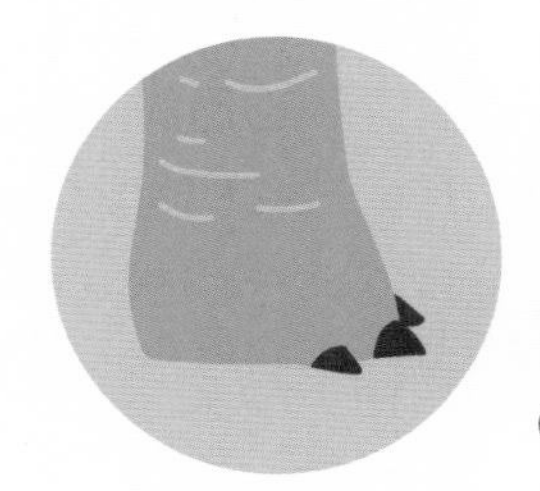

蜥脚类恐龙的脚底有脚垫，可以缓冲它们沉重的步伐带来的压力。

鸭嘴龙

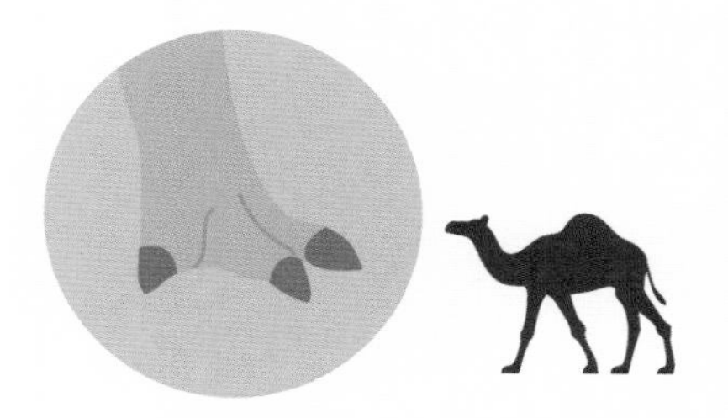

鸭嘴龙的脚趾间有肉垫，碰到地面就会张开，就像骆驼的脚一样。

爪子

肉食性恐龙的脚趾上通常长着如刀片般锋利的爪子，而像三角龙和鸭嘴龙这样的植食性恐龙的爪子则更像蹄子。

被称为迅猛龙的肉食性恐龙脚上有爪状的脚趾。其中一个大脚趾比其他脚趾更加尖锐、锋利。在走路的时候，迅猛龙会抬起这个大脚趾以免磨损它。它们把这个脚趾作为捕猎的利器。

伶盗龙匕首般的爪子

91厘米
镰刀龙

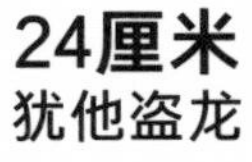

10厘米
霸王龙

9厘米
伶盗龙

24厘米
犹他盗龙

10厘米
东北虎

6厘米
金雕

现代动物呢?

9厘米
树懒

20厘米
大犰狳

足迹

通过研究恐龙的足迹，我们可以了解到很多关于恐龙的信息。这些足迹向我们展示了某些恐龙足部的结构和形状，也告诉我们它们是肉食性动物还是植食性动物。

似鸟龙是速度最快的恐龙之一，它的速度可以达到每小时64千米，几乎和鸵鸟的最快速度接近。科学家们发现似鸟龙的脚印之间的距离几乎有2.7米远！

恐龙的速度

恐龙的速度可以通过一些数学计算方法来估计。古生物学家只需要知道恐龙的步长和腿骨的大概长度就可以计算出它的速度。

兽脚亚目恐龙

它们留下三叉戟形的脚印。

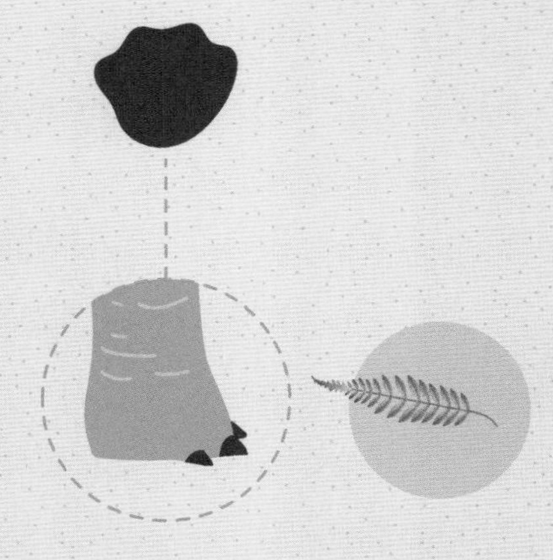

蜥脚类恐龙

它们在地面上踩出大坑。

小型兽脚亚目恐龙

大型兽脚亚目恐龙

连续的脚印形成一条足迹。足迹会告诉我们动物的步态，脚印相隔越近意味着步伐越小，步频越快，而脚印相隔越远就说明步伐越大，步频越慢。

恐龙脚印之间的距离越远，就越有可能是恐龙在走路时留下的。这些脚印还能告诉我们脚印的主人体形有多大，它是用两条腿走路还是用四条腿走路。

化石脚印是如何形成的

恐龙会在泥泞的地面上留下脚印，这些脚印逐渐变干、变硬，然后被沉积物所覆盖，最后形成化石。尽管恐龙早就灭绝了，但是古生物学家还是通过化石发现了许多恐龙脚印。

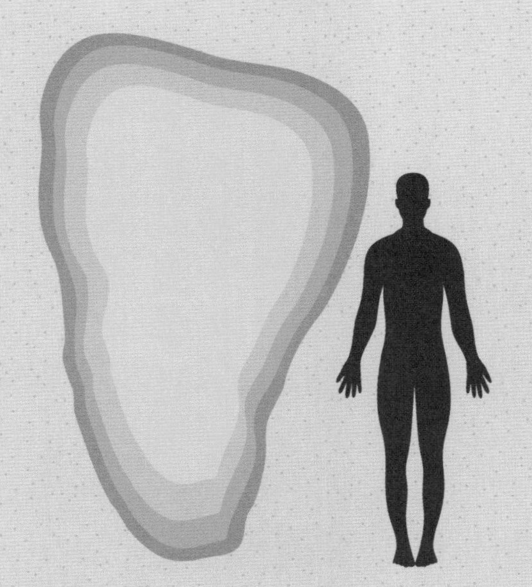

2017年在澳大利亚西北部发现的恐龙脚印是迄今为止发现的最大的恐龙脚印之一。这个遗迹发现的最大的脚印来自蜥脚类恐龙。科学家们还发现了4种不同类型的鸟脚类恐龙（双足植食性恐龙）和6种不同类型的装甲恐龙的脚印，其中包括剑龙。

巢穴、恐龙蛋与恐龙宝宝

恐龙蛋

像爬行动物和鸟类一样，恐龙也是通过产卵繁殖的。卵的大小、形状和数量取决于恐龙的种类。这些恐龙蛋的特征，比如它们的形状和外壳结构，有助于古生物学家确定它们是由兽脚亚目恐龙、蜥脚类恐龙，还是其他种类的恐龙产下的。

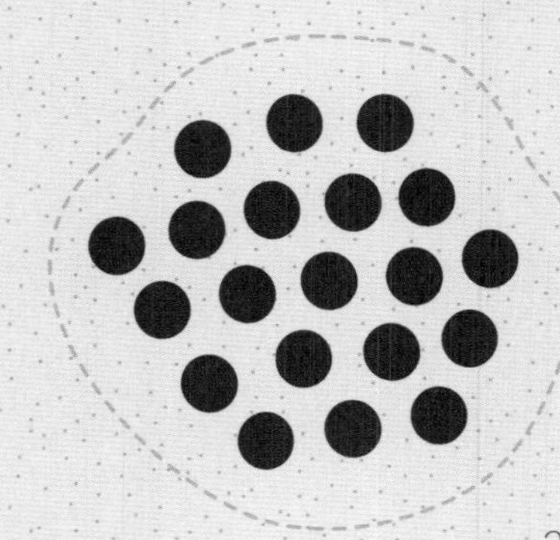

雌性恐龙一次能产约20个蛋，很多蛋在孵化前就被捕食者吃掉了。

20厘米
原角龙

41厘米
特暴龙

21厘米
泰坦巨龙

15厘米
鸭嘴龙

15厘米
窃蛋龙

18厘米
鸵鸟蛋

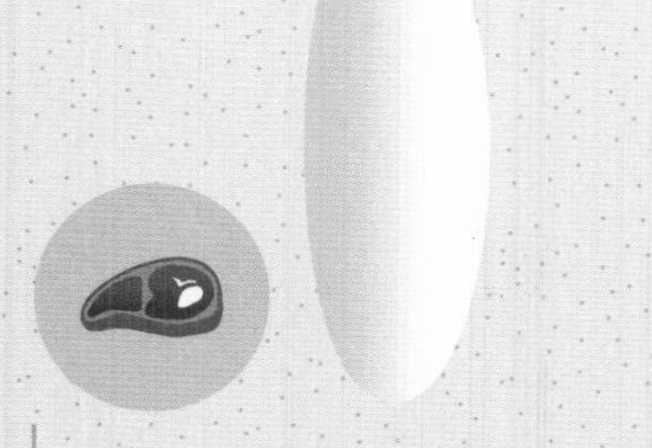

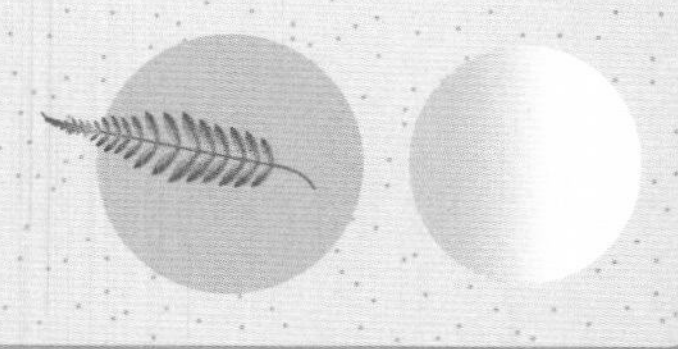

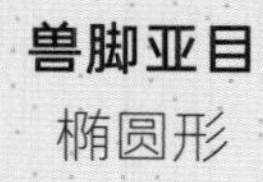

兽脚亚目
椭圆形

蜥脚类、鸟脚亚目和其他植食性恐龙
圆形

形状与大小

恐龙蛋的形状可以帮助我们了解恐龙生活的环境。例如，椭圆形的蛋较长，更适合狭窄的空间。而且因为不容易滚动，所以这些蛋被产在山上或斜坡上。

古生物学家坚信没有一个恐龙蛋超过58厘米。蛋越大，蛋壳就越厚，但蛋壳仍然需要透入氧气，所以不能太厚。因此，58厘米似乎是极限。如果恐龙蛋再大一点儿，蛋壳过厚，胚胎就无法获得足够的氧气。

外壳厚度

迄今为止发现的最厚的恐龙蛋壳有0.5厘米厚。它的表面有小孔，可以让胚胎呼吸。小孔还确保了蛋内的湿度水平适宜胚胎发育。蛋上面孔的数量因恐龙的种类而异，所以古生物学家可以利用这些信息来确定是哪种恐龙妈妈下的蛋。

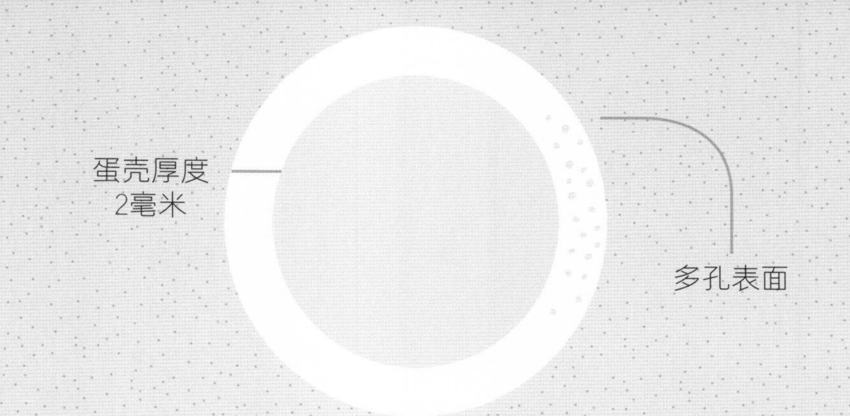

少孔蛋
置于地面

多孔蛋
埋于地下

48厘米
慢龙

大多数恐龙蛋化石是在中国、蒙古、阿根廷、印度和北美地区发现的。

颜色

我们不知道恐龙蛋到底是什么颜色的。耶鲁大学最近的研究表明，许多现代物种（比如鸟类）所产的卵的颜色与周围环境相似，这可能是躲避捕食者的一种策略。因此，埋在地下的恐龙蛋有可能是白色或灰色的，而地上的恐龙蛋则有不同的颜色，与所处的环境有关。

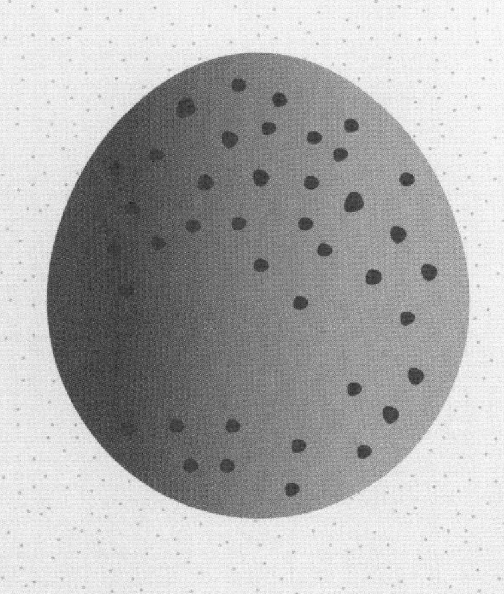

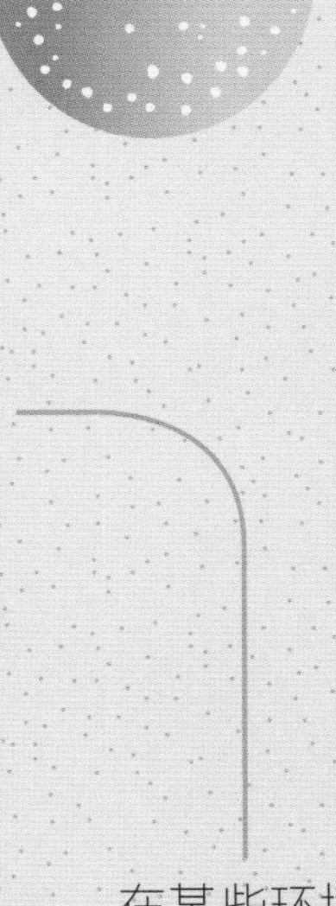

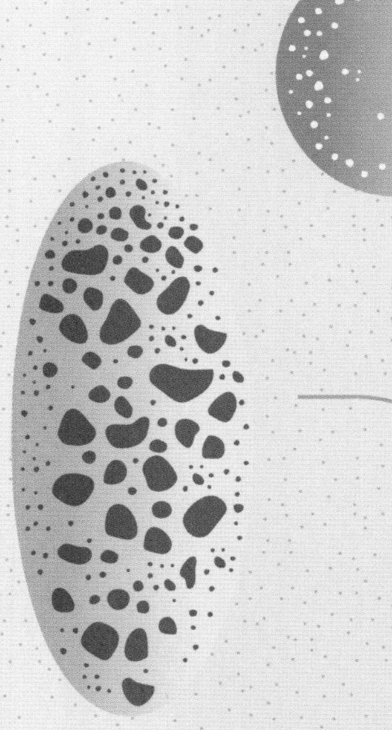

在某些环境中，带有斑点的恐龙蛋可能更容易隐藏。

河源龙的蛋是蓝绿色的，很像现代鸸鹋的蛋。

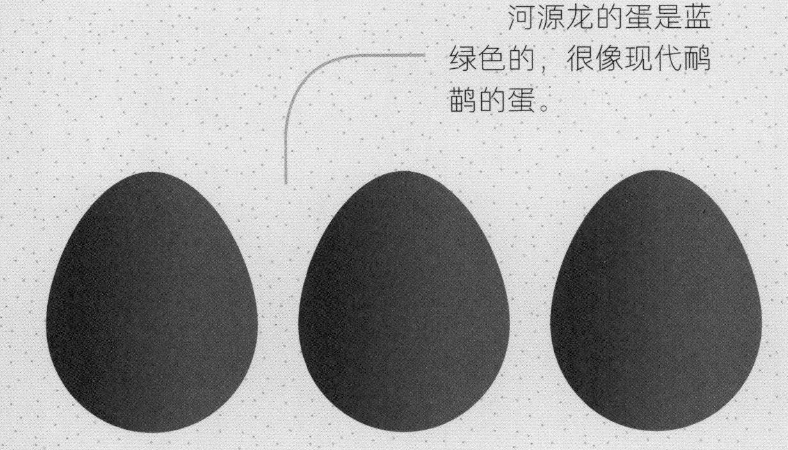

巢穴

每种恐龙产卵的方式都不同，有些蛋呈螺旋状排列，有些蛋排成行，有些则完全没有规律。不过，所有的恐龙都把蛋产在巢穴里。

有些恐龙会把植物堆在它们的巢穴上，在孵化前为蛋提供温暖。

蜥脚类恐龙

许多恐龙会像鳄鱼一样把蛋埋在沙子里，比如蜥脚类恐龙。

伶盗龙

像伶盗龙这样的恐龙用泥土在地面上建造露天巢穴。

窃蛋龙

成年的窃蛋龙会卧在它们的巢穴上，让蛋保持温暖，避免蛋受到捕食者的伤害。

雌性慈母龙在群居的领地内筑巢，每个巢穴的直径约为1.8米，深度约为0.9米。巢穴之间的距离约为8.8米，正好与成年慈母龙化石的平均长度差不多。这种产卵方式可以更好地保护后代免受捕食者的侵害。

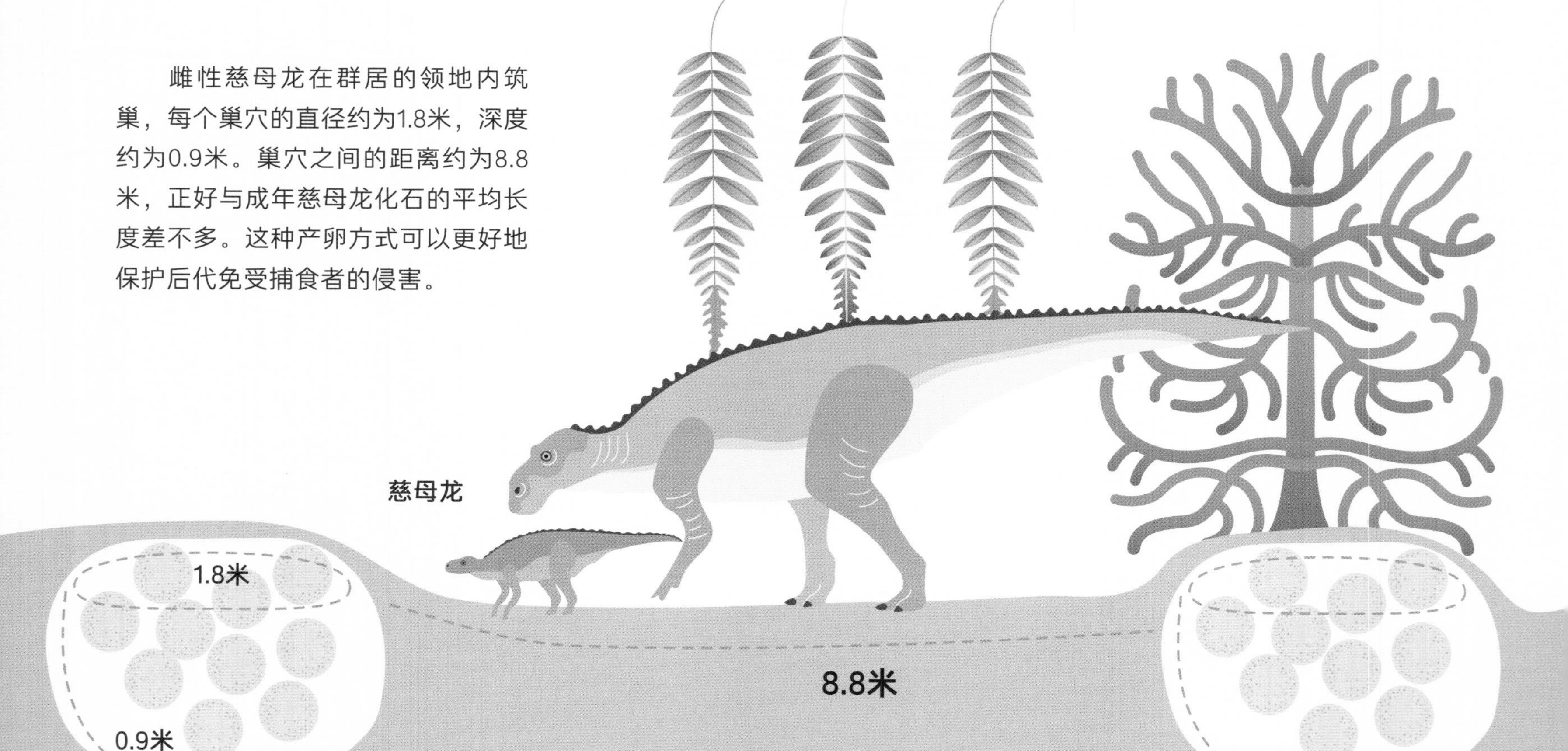

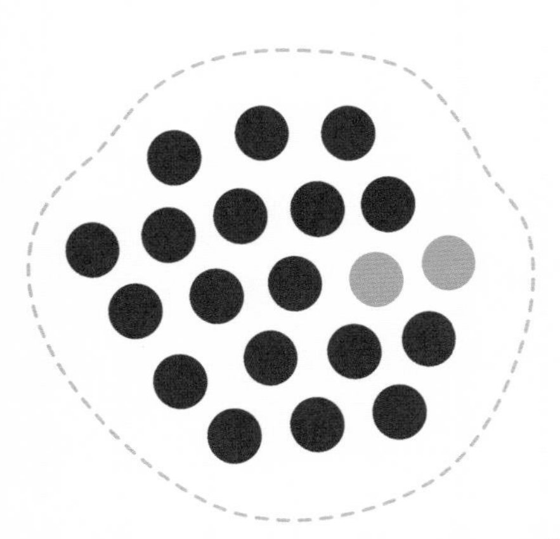

恐龙宝宝的存活率可能与现代爬行动物和鸟类相似，只有10%~15%的恐龙宝宝能在出生的第一年存活下来。

幼崽

就像鳄鱼和乌龟一样，恐龙宝宝的性别也会受到环境温度的影响。如果天气炎热，可能会孵出较多的雄性恐龙；如果天气寒冷，可能会孵出更多的雌性恐龙。从蛋中孵化出来后，恐龙宝宝必须迅速学会如何寻找食物及如何生存。

伤齿龙宝宝遗骸的化石显示，它们在刚出生时可能就已经会走路了，甚至可能已经足够强壮，可以离开巢穴，就像小鸭子一样。

我们能从鸭嘴龙宝宝的化石中看到部分发育的牙齿，但它们的腿还没有发育到可以四处走动的程度。因此，成年鸭嘴龙可能要在宝宝出生后的前几周照顾它们，给它们喂食，甚至还可能为它们咀嚼食物。

一只蜥脚类恐龙妈妈的体重是它刚孵出的小恐龙的2500倍。

蜥脚类恐龙的成长速度让人惊叹。刚孵化出来的蜥脚类恐龙宝宝的体重一般不到5千克。在30年内，它们甚至会长到刚出生时体重的10000倍。地球上的其他动物，无论是已经灭绝的动物还是现存的动物，都达不到这样的生长速度。

加入群体

为什么要群居生活？

并不是所有的恐龙都是独居的，恰恰相反，一些化石遗址表明，许多恐龙都是群居的。在这些遗址中，人们发现许多相同种类的恐龙聚集在一起，由此我们可以推断，整个群体是同时死亡的，这可能是由地震、沙尘暴或火山爆发等灾难性事件造成的。

群体

人们在一些化石遗址中发现几只恐龙的脚印离得很近，这说明许多植食性恐龙成群结队地生活、寻找食物，甚至还可能一起筑巢。形成群体的最大好处是可以抵御捕食者的攻击。

有些群体可能只是暂时的，群体中的恐龙可能只是想在同一地区安静地吃一会儿植物。

不同种类的恐龙也经常聚集在一起进行漫长的季节性迁徙，保证它们能够安全地到达另一个地方寻找食物。

群体捕猎

脚印告诉我们，体形较大的双足肉食性恐龙更喜欢独居生活，它们的捕猎策略类似老虎和美洲狮。体形较小的肉食性恐龙通常更喜欢成群捕食，这样可以捕食更大的猎物，现代的狼和野狗也有类似的捕猎行为。

像棘龙这样的大型捕食者单独捕猎。

像伶盗龙这样的小型捕食者成群捕猎。

除了狩猎，群体生活可能还包括照顾和抚养幼崽。但群体是如何组织管理的？是所有成员之间都有血缘关系，还是其他种群的恐龙也可以加入？领头恐龙通常是雄性还是雌性？很遗憾，化石并不能回答这些问题，但我们可以通过研究现代动物的行为来了解恐龙是如何组织它们的群体的。

现代动物的合作

狮子

狮群中一般有4~40个成员，首领为一头雄狮，雌狮都是捕食者。

科莫多巨蜥

科莫多巨蜥大多是独居的，偶尔也会成群狩猎。在一群科莫多巨蜥中，只有一只雄性主导群体，它也是第一个享用猎物的个体。

狼

狼群的成员包括一对有繁殖能力的雄性与雌性、几只没有繁殖能力的狼，以及首领夫妇的小狼崽。狼群一起狩猎，分享所有猎物。

袋獾

袋獾倾向于独自生活、狩猎，然而，它们有时也会成群结队地捕食。捕猎成功后大家一起分享猎物。

鳄鱼

鳄鱼通常为独居，虽然年幼的鳄鱼更喜欢待在一起直到成年。有时，鳄鱼会在猎物周围形成大群，有些种类的鳄鱼甚至会合作捕猎。

恐龙捕猎是什么样子的?

让我们想象一下一群恐龙捕猎的样子。

经过数小时甚至数天的追逐，一群小型驰龙包围了已经筋疲力尽的猎物。猎物可能很大，也可能很小，但无论如何，它在这次集体攻击中幸存的概率都很小。驰龙群中的每一个个体都会用爪子去撕扯猎物。如果其中一只受伤，另一只可以继续发起攻击。慢慢地，猎物就会被撕成碎片。猎物一旦受伤，就变得十分虚弱，驰龙群就会发起最后的攻击，将猎物彻底制服，然后就可以饱餐一顿了。

恐龙的浪漫

在自然界中，求偶仪式通常是一个或多个雄性接近一个雌性，雌性可以选择谁更适合做它的伴侣。我们不确定恐龙是否有求偶仪式，但古生物学家认为有些恐龙有。

求偶和选择伴侣对任何物种的生存繁衍都至关重要。找到最健康、最强壮的伴侣可以提高抚养出健康后代的概率，让它们也可以存活下来，进行交配、繁衍。

打扮

要想被雌性选中，雄性首先要吸引雌性的注意力。如果有明亮的颜色、大大的角或者迷人的冠，就很容易吸引异性的目光。许多雄性恐龙可能有华丽的颜色或特殊的身体特征，让雌性恐龙十分着迷。

江西单脊龙

江西单脊龙是一种外形奇特的兽脚亚目恐龙，它生活在大约1.7亿年前的亚洲。它头上的骨冠就像旗子一样，有助于吸引异性的注意力。江西单脊龙的冠也可以作为一个扬声器来传递信息。

冰脊龙

在冰脊龙头骨的顶部有一个独特的、卷曲的头冠，头冠很薄，有沟槽，与西班牙舞者在跳弗拉明戈时戴在头上的头冠非常相似。由于冠骨十分脆弱，古生物学家认为它唯一的作用就是吸引异性。

一般来说，雌性不像雄性有那么多特征，这种现象被称为“两性异形”。年轻的雄性在到达交配年龄之前通常不会表现出求偶时的身体特征。在实际的交配仪式中，古生物学家推测，某些种类的肉食性恐龙为了赢得雌性的青睐还会跳交配舞。

双脊龙

双脊龙的头骨顶部有两个平行的脊，是鼻骨和泪骨的延伸骨。这些冠状脊骨非常脆弱，科学家们认为它们可能用于求偶，或用来帮助个体识别同一物种的成员。

交配竞争

繁衍还需要对付潜在的竞争对手，最简单的方法就是把对方吓跑。但如果这招不起作用，恐龙就需要准备好展示它们的体力。当几只雄性都想与一只雌性交配时，争斗是不可避免的，这也能够让它们在一个群体中形成不同的力量等级。对手之间的竞争方式因物种而异，例如，巨大的雄性雷龙会成对战斗，用它们的长脖子互相攻击，有时它们还会不小心把脖子缠绕在一起！

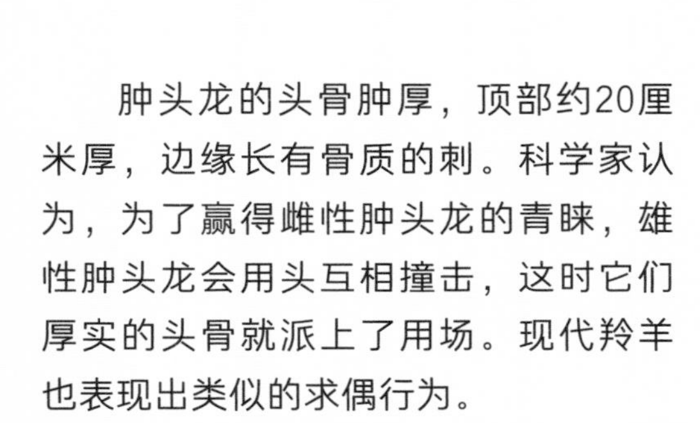

肿头龙的头骨肿厚，顶部约20厘米厚，边缘长有骨质的刺。科学家认为，为了赢得雌性肿头龙的青睐，雄性肿头龙会用头互相撞击，这时它们厚实的头骨就派上了用场。现代羚羊也表现出类似的求偶行为。

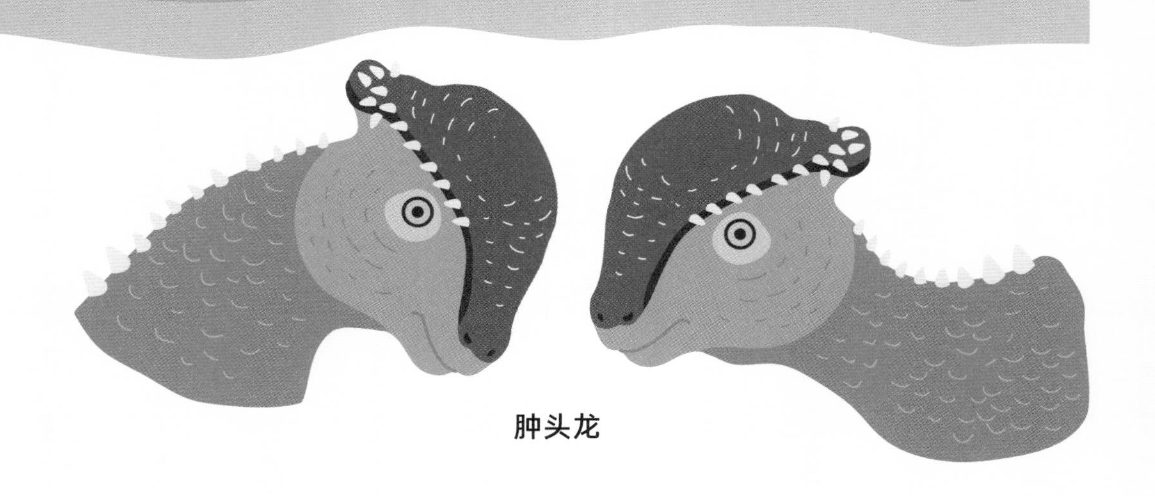

肿头龙

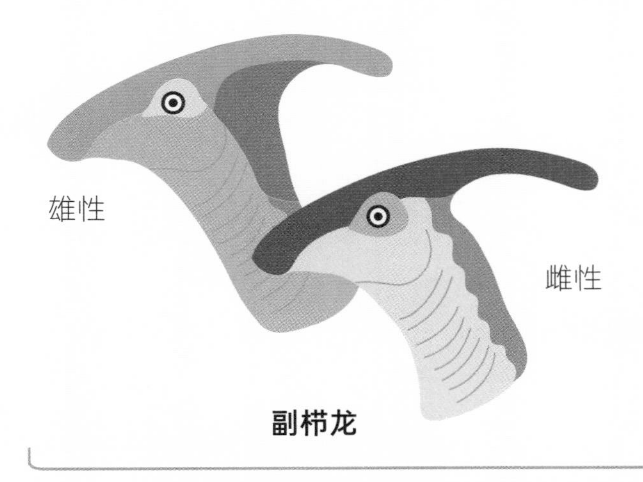

副栉龙

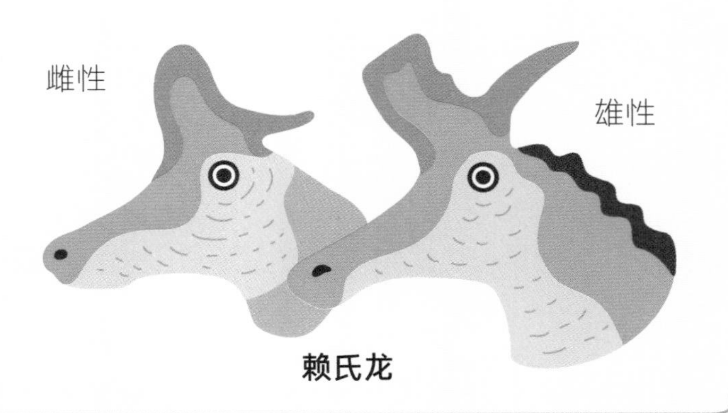

赖氏龙

副栉龙和赖氏龙的雄性和雌性都有独特的头冠，不过雄性的头冠更为发达。赖氏龙的头冠更尖、更突出，且延长至头部后面。对于其他雄性来说，头冠也具有一定的威慑力。此外，因为头冠是中空的，可能还有助于放大它们的叫声。

鸟类的进化——起飞

如今我们认为鸟类是肉食性恐龙的后代，但与鸟类相比，鳄鱼与恐龙的关系更为紧密，因此古生物学家们更倾向于鳄鱼是恐龙的表亲这一说法。

共同的祖先

当你仔细观察现代鸟类时，你会注意到它们实际上与恐龙有许多共同特征，或者至少与有羽毛的双足肉食性恐龙有许多共同特征。

我们所知道的最古老的类鸟恐龙是始祖鸟，它生活在侏罗纪晚期（大约1.5亿年前）。始祖鸟和现在的野鸡差不多大，它的牙齿和长长的尾骨很像同一时期的另一种小恐龙——美颌龙。不过始祖鸟的尾巴上有羽毛，而美颌龙没有。

鸟类被认为是双足肉食性恐龙——兽脚亚目恐龙的后代。

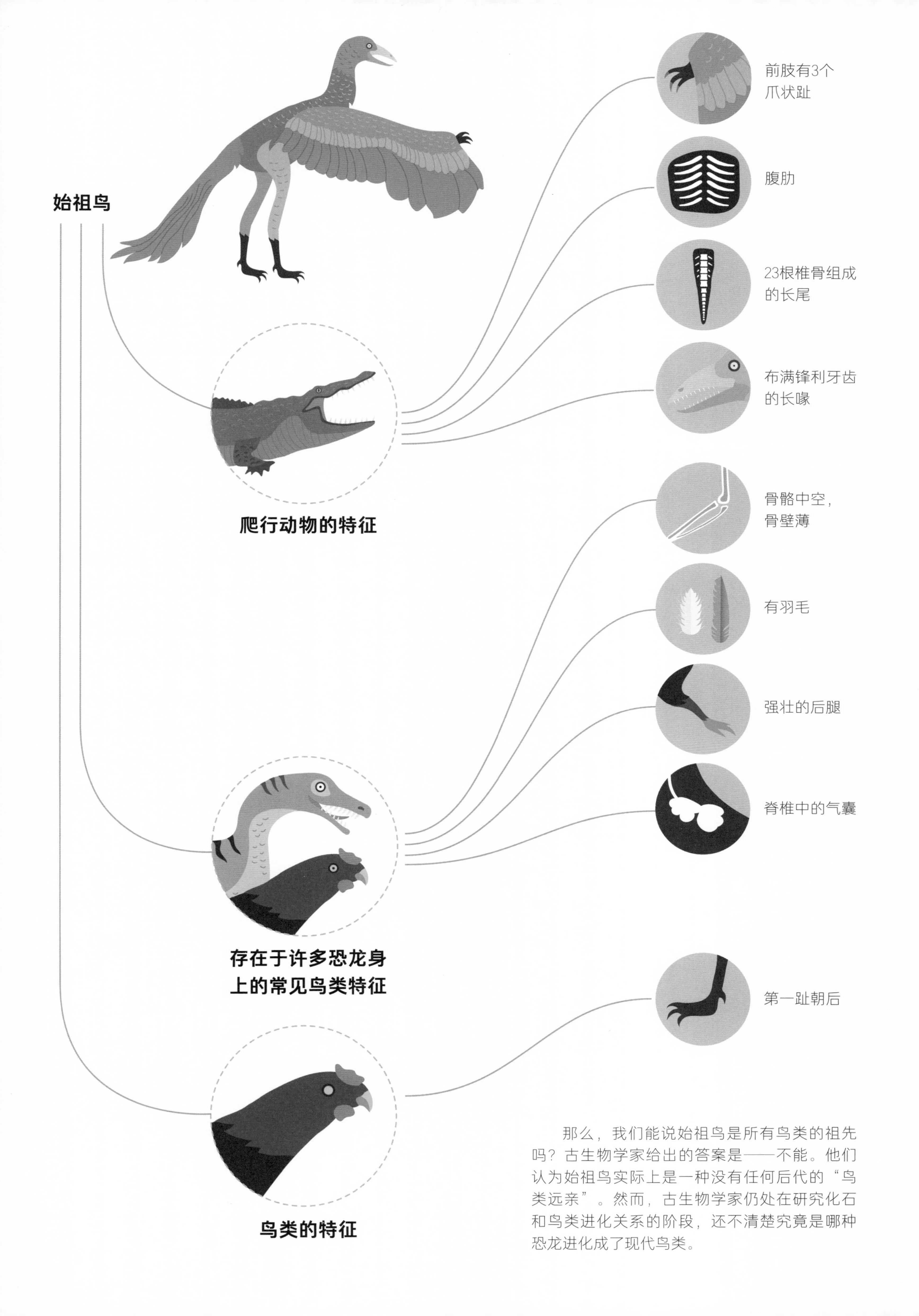

那么，我们能说始祖鸟是所有鸟类的祖先吗？古生物学家给出的答案是——不能。他们认为始祖鸟实际上是一种没有任何后代的“鸟类远亲”。然而，古生物学家仍处在研究化石和鸟类进化关系的阶段，还不清楚究竟是哪种恐龙进化成了现代鸟类。

鸟类是如何学会飞翔的？

古生物学家仍在努力回答这个问题。我们知道，许多体形较小的兽脚亚目恐龙的前腿上都覆盖着羽毛，这些恐龙在不消耗自己体能的情况下借助空气的托举力进行短距离滑翔，但还不能主动飞行。

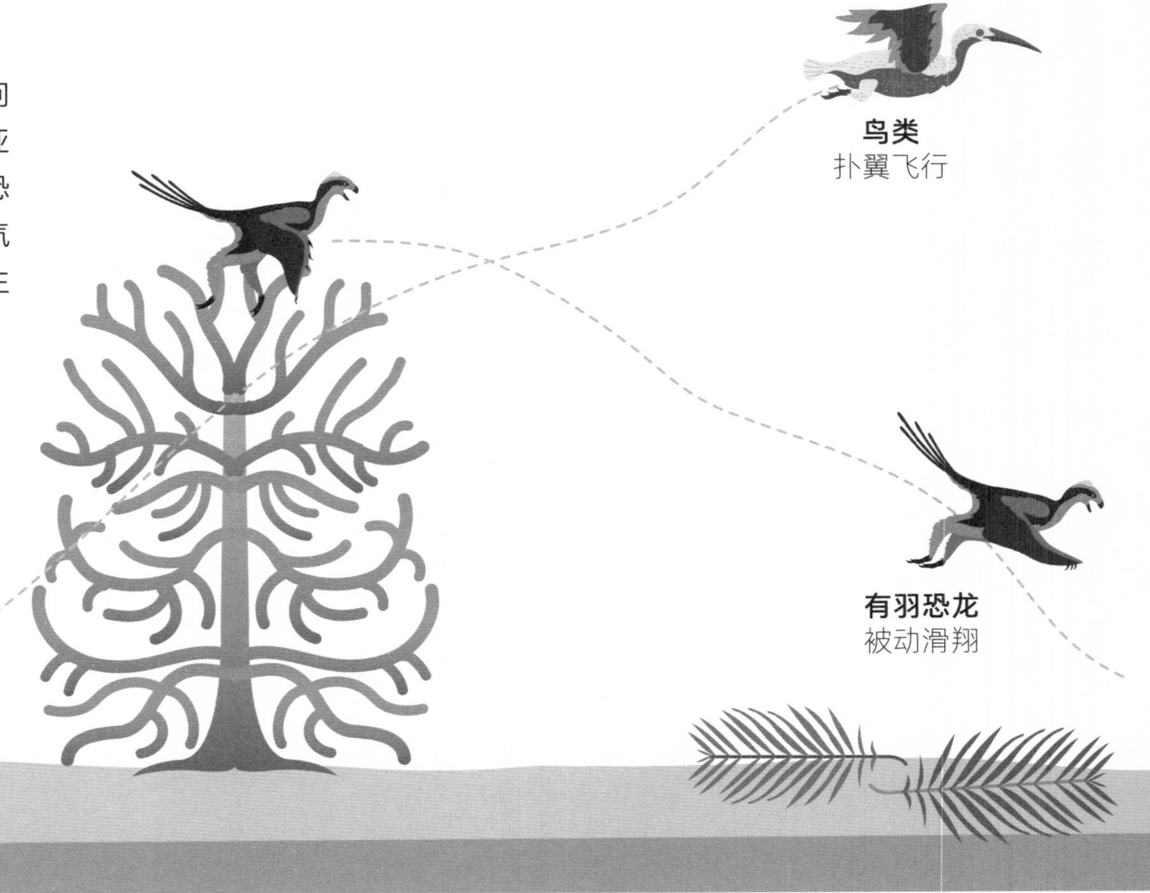

大多数现代鸟类都是“扑翼飞行”，需要大量的能量和强壮的翅膀，才能以惊人的速度完成许多精妙的动作。鸟的翅膀经过数百万年的进化才获得主动飞行的能力。

为了能够起飞、飞行，鸟类需要：

目前我们还无法搞清楚鸟类是如何进化出飞行这一特征的，关于这个问题主要有两种理论：树栖理论与陆栖理论。树栖理论的支持者认为，现代鸟类的祖先最初是从一个树枝跳跃到另一个树枝上，最终从滑翔进化成完全扑翼飞行。

陆栖理论认为，奔跑和跳跃最终进化成了飞行。动物进化出翅膀可能是为了在高速奔跑时保持身体平衡。因此，飞行是有翅膀的动物在翅膀的帮助下跳得越来越高的结果。

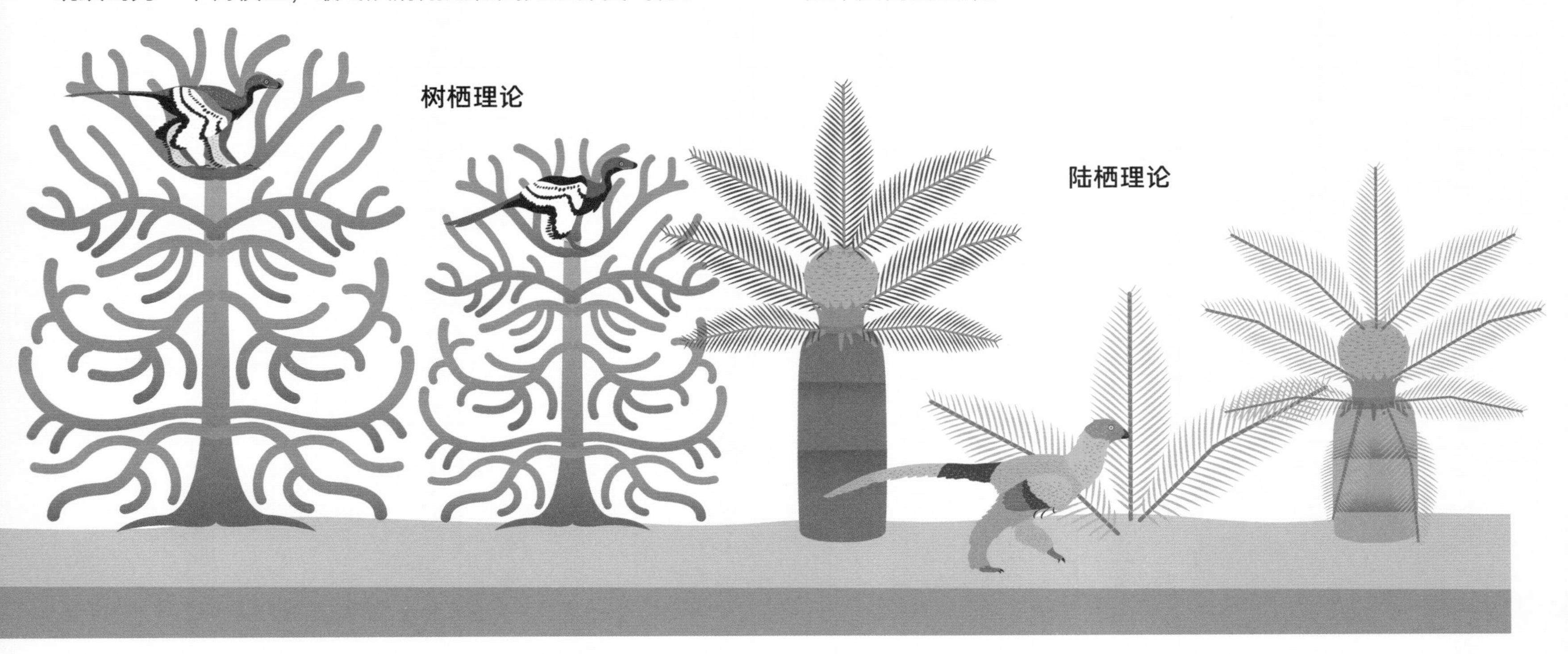

从恐龙到鸟类的进化过程中的许多小变化

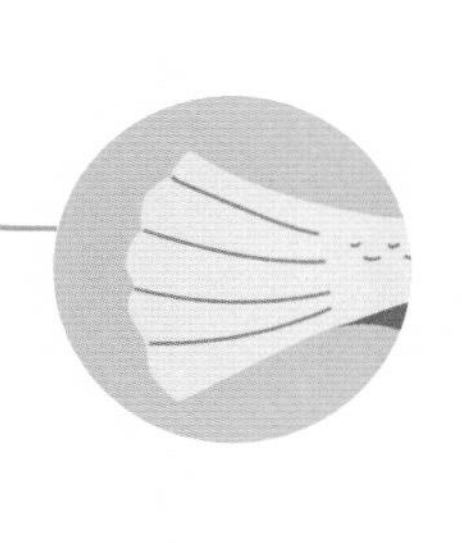

骨骼

骨头变小，骨壁变薄，有些骨头结合在一起，比如腕骨和尾尖上的5块椎骨。长长的尾骨最终被羽毛取代。

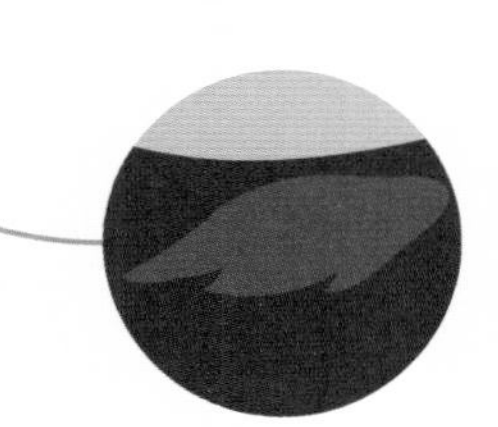

翅膀

翅膀慢慢地变得比腿长，爪状趾逐渐消失。

肌肉

胸部肌肉和胸骨变得更大、更强壮。

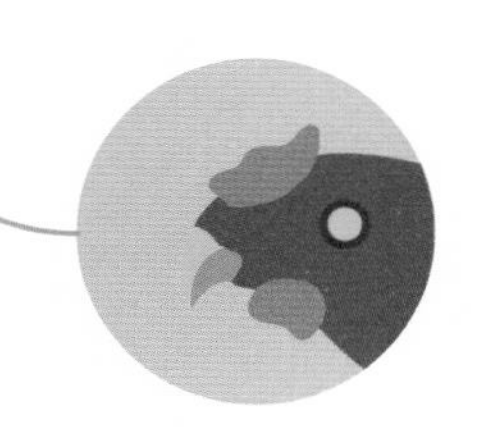

牙齿

牙齿逐渐消失，取而代之的是喙。

谁是现代鸟类的祖先?

我们还不知道这个问题的答案。古生物学家认为鸟类的祖先体形一定非常小，且繁殖速度非常快。这些特征能够让它在6600万年前的大灭绝中幸存下来。有两大类鸟类源于这个祖先。

在那之后的漫长岁月里，鸟类继续进化出不同种类，最终形成我们今天看到的鸟类。现在世界上有超过10000种鸟类，它们可以分为两大类：古颌类，包括如鸵鸟、几维鸟、鸸鹋和美洲鸵等不会飞的鸟类；新颌类，包括所有其他鸟类。

天空霸主——翼龙

在恐龙时代，一些会飞的爬行动物主宰着天空，它们的名字叫作翼龙。翼龙的体形和行为各不相同，但几乎所有翼龙都具有基本相同的身体结构。

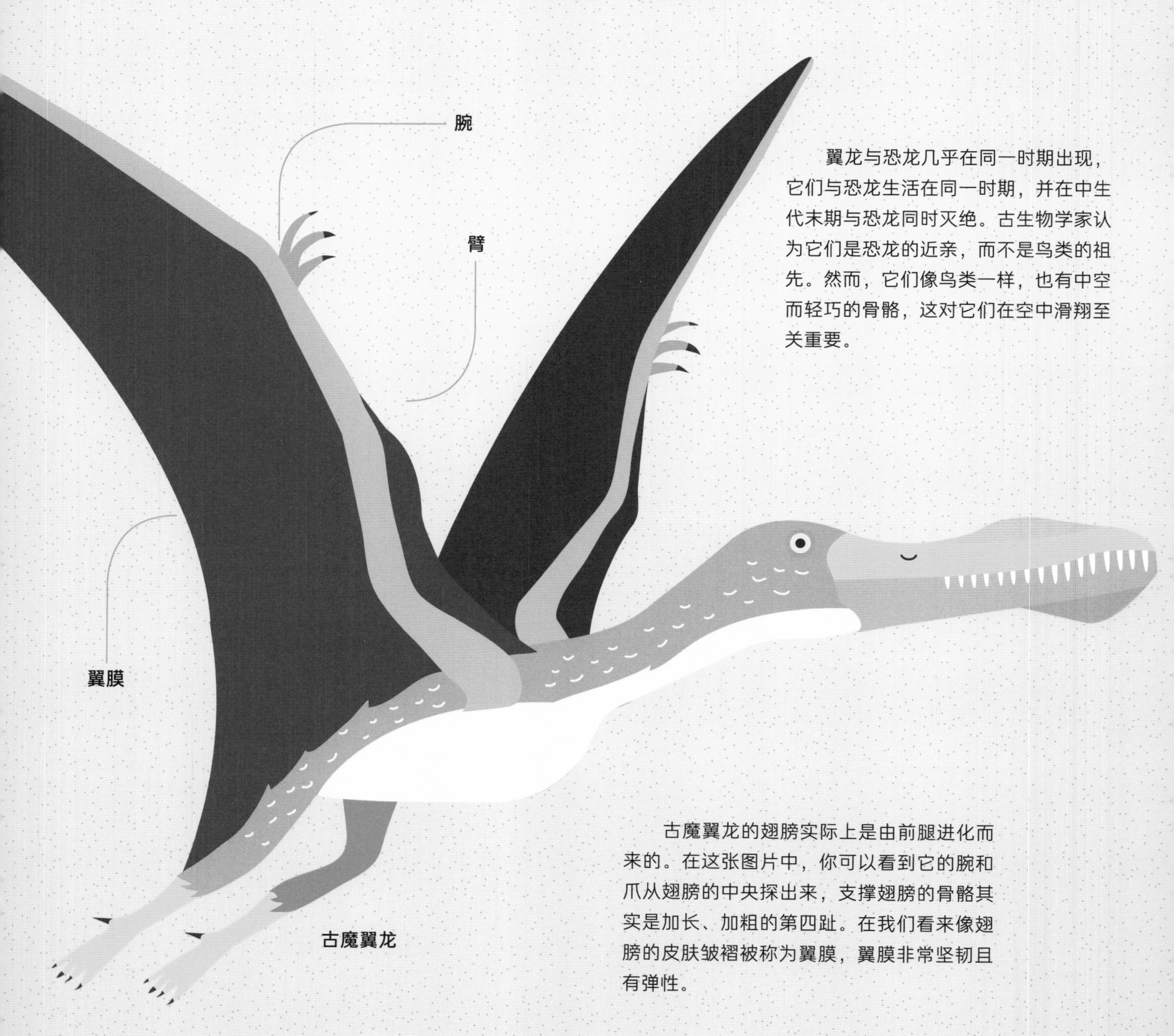

翼龙与恐龙几乎在同一时期出现，它们与恐龙生活在同一时期，并在中生代末期与恐龙同时灭绝。古生物学家认为它们是恐龙的近亲，而不是鸟类的祖先。然而，它们像鸟类一样，也有中空而轻巧的骨骼，这对它们在空中滑翔至关重要。

古魔翼龙的翅膀实际上是由前腿进化而来的。在这张图片中，你可以看到它的腕和爪从翅膀的中央探出来，支撑翅膀的骨骼其实是加长、加粗的第四趾。在我们看来像翅膀的皮肤皱褶被称为翼膜，翼膜非常坚韧且有弹性。

不同的翼龙体形有很大的差别，风神翼龙是目前发现的最大的翼龙。从来没有哪只鸟能和风神翼龙一样大！

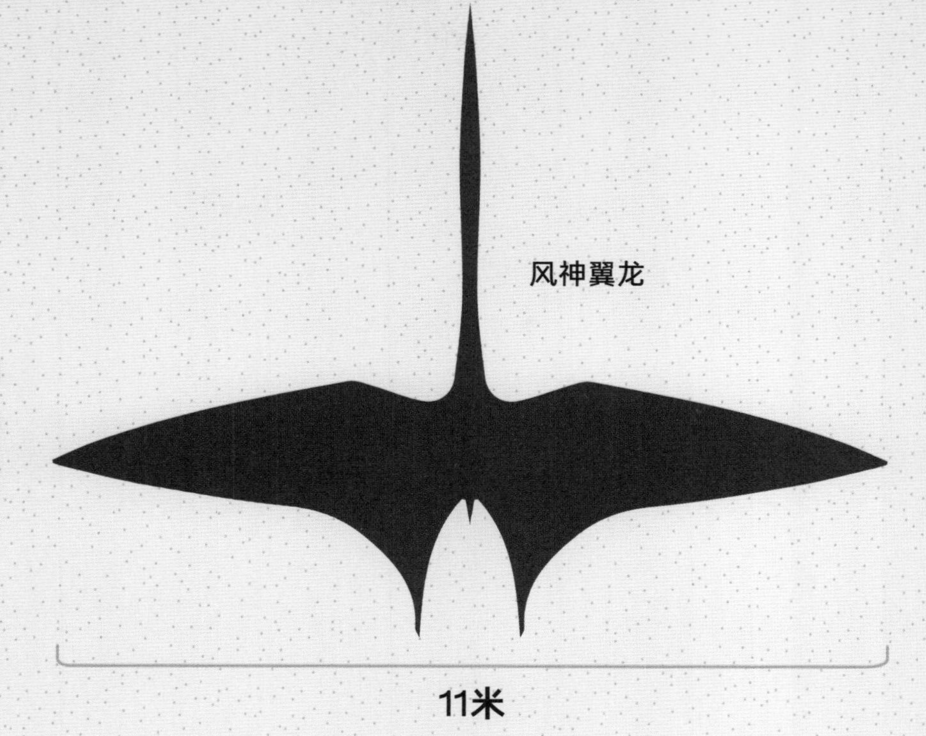

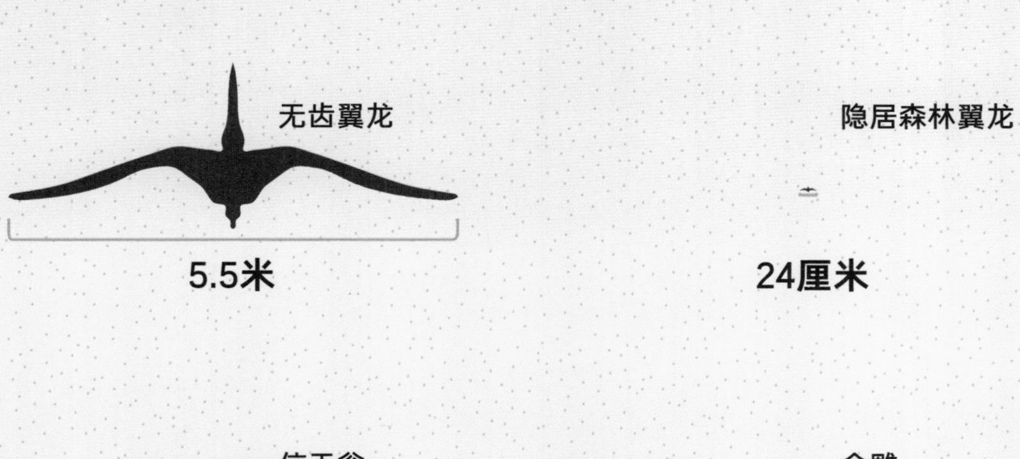

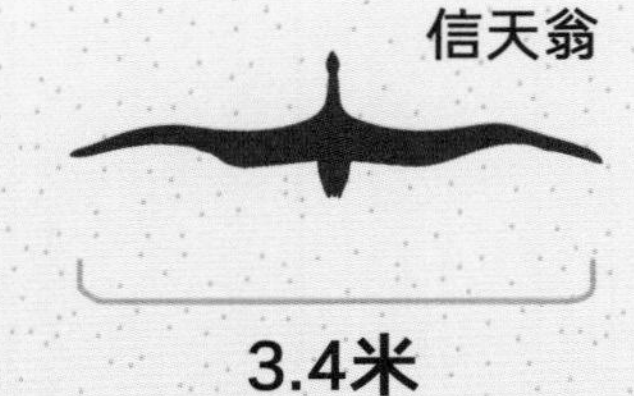

鸟类与翼龙

看一看鸟类与翼龙之间的主要差别吧：

1 **翅膀**

翼龙的翅膀更像蝙蝠的翅膀。

2 **羽毛**

翼龙没有羽毛。

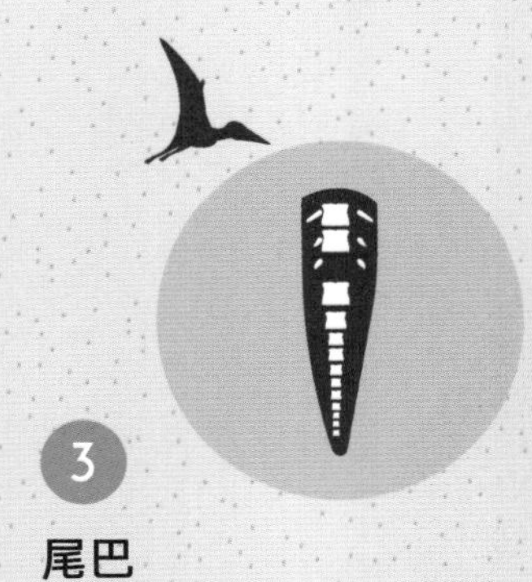

3 **尾巴**

翼龙的尾部有尾骨。

空中翱翔

就像鸟的翅膀一样，翼龙翅膀的形状可以告诉我们很多关于这种生物飞行能力的信息。

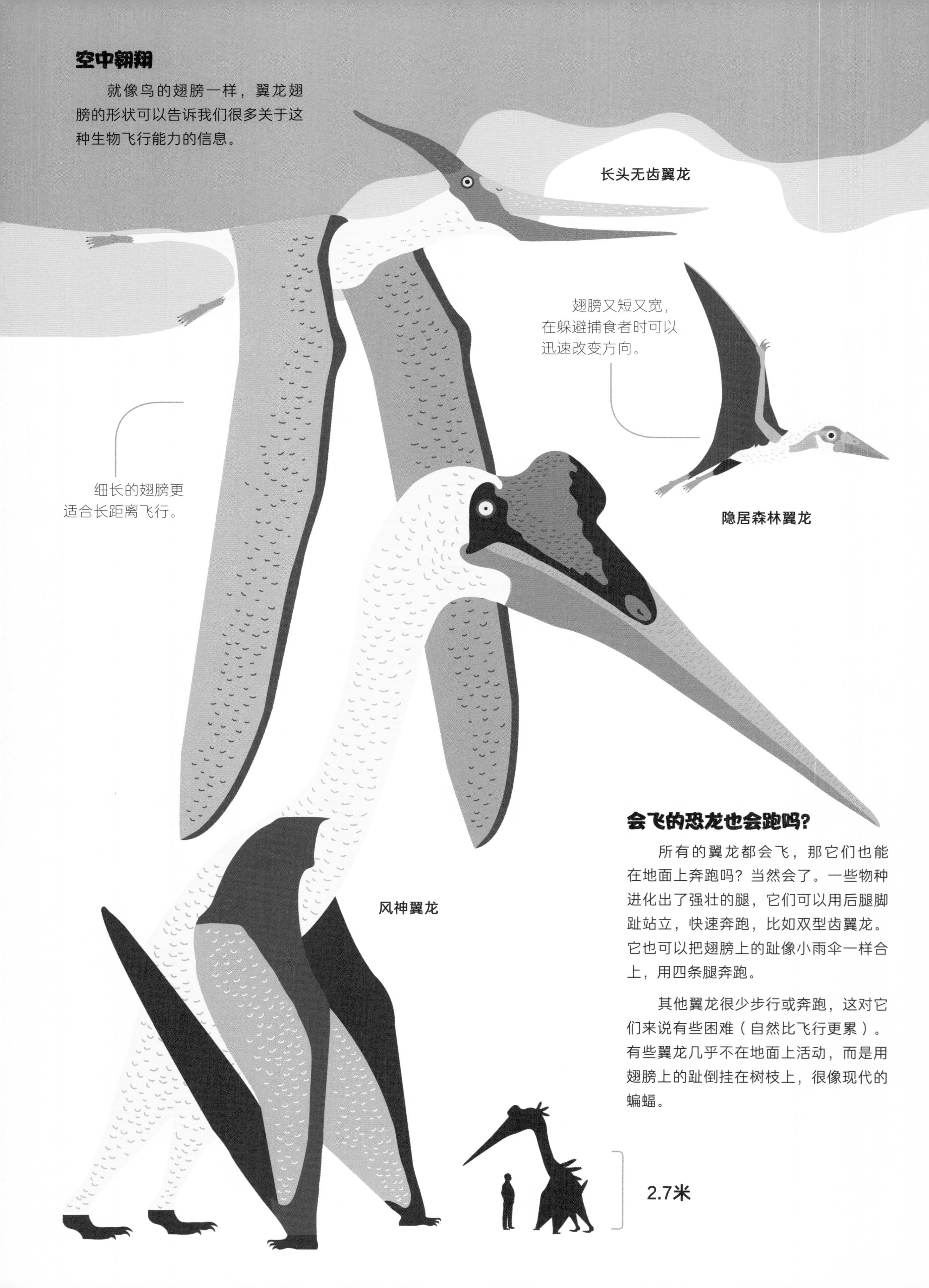

会飞的恐龙也会跑吗?

所有的翼龙都会飞，那它们也能在地面上奔跑吗？当然会了。一些物种进化出了强壮的腿，它们可以用后腿脚趾站立，快速奔跑，比如双型齿翼龙。它也可以把翅膀上的趾像小雨伞一样合上，用四条腿奔跑。

其他翼龙很少步行或奔跑，这对它们来说有些困难（自然比飞行更累）。有些翼龙几乎不在地面上活动，而是用翅膀上的趾倒挂在树枝上，很像现代的蝙蝠。

翼龙吃什么?

许多翼龙的喙很厚，里面长有很多牙齿，但这些牙齿的大小和形状会有所不同，主要取决于翼龙的食物。

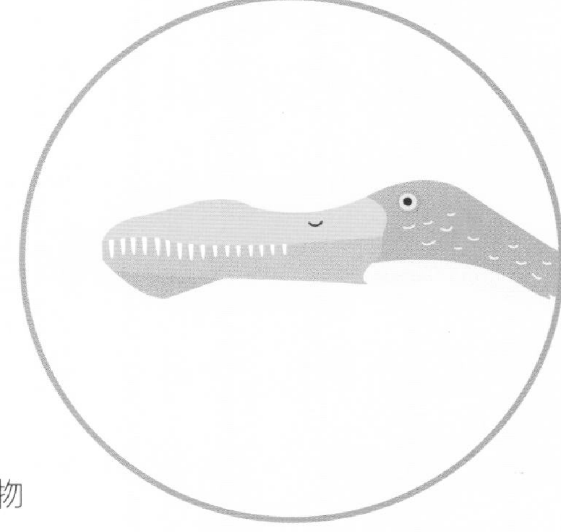

锯齿状长齿
鱼、昆虫与其他爬行动物

大牙齿
贝壳与甲壳动物

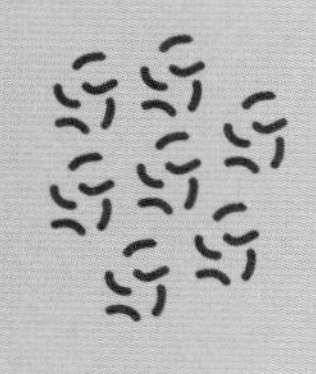

刷子般的长细齿
浮游生物

无齿
鱼

头冠

许多翼龙的头上有冠，头冠的颜色、形状和大小各不相同，是同一物种成员相互区分的一种标志，并能够帮助雄性吸引雌性。在飞行中，较大的头冠可以用来平衡喙的质量，无齿翼龙就是这样的。短短的头冠可以帮助翼龙在飞行时控制自己的身体。

更多的翼龙

迄今为止发现的翼龙有150种，但科学家们认为还有数千种翼龙有待发现。

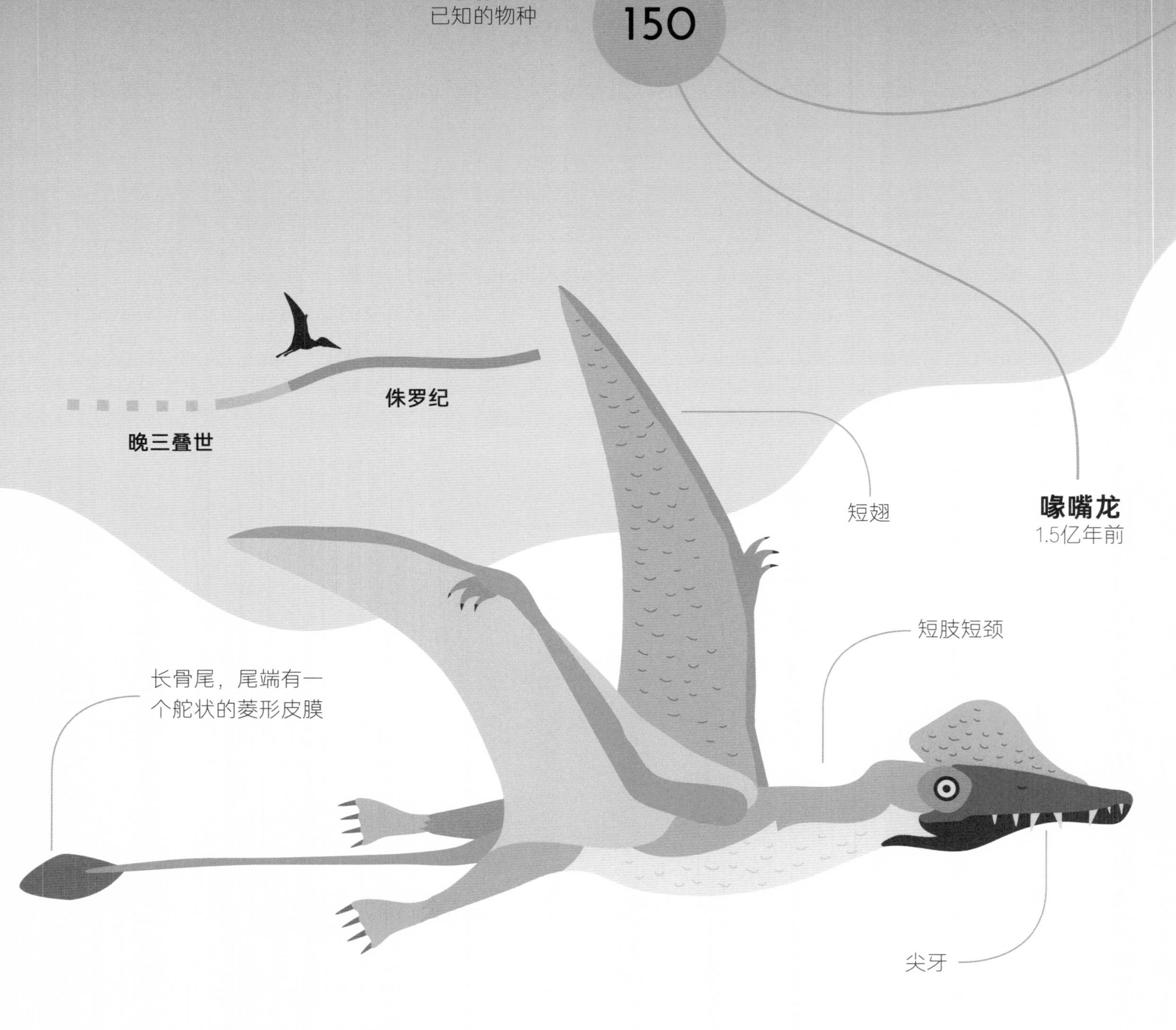

保暖

一些翼龙的化石上还留有细小的绒毛，这些绒毛可能覆盖了它们的全身。古生物学家认为翼龙实际上是温血动物，就像鸟类和哺乳动物一样。如果它们确实是温血动物，就需要绒毛来帮助它们抵御寒冷。

生而会飞

与恐龙不同，翼龙的蛋壳是软的，这也是翼龙蛋化石很难找到的原因。刚出生的小翼龙可能已经长成了完全成形的翅膀。最初，古生物学家认为翼龙的父母需要照顾它们的后代，但现在却认为幼龙在出生后很快就独立了。

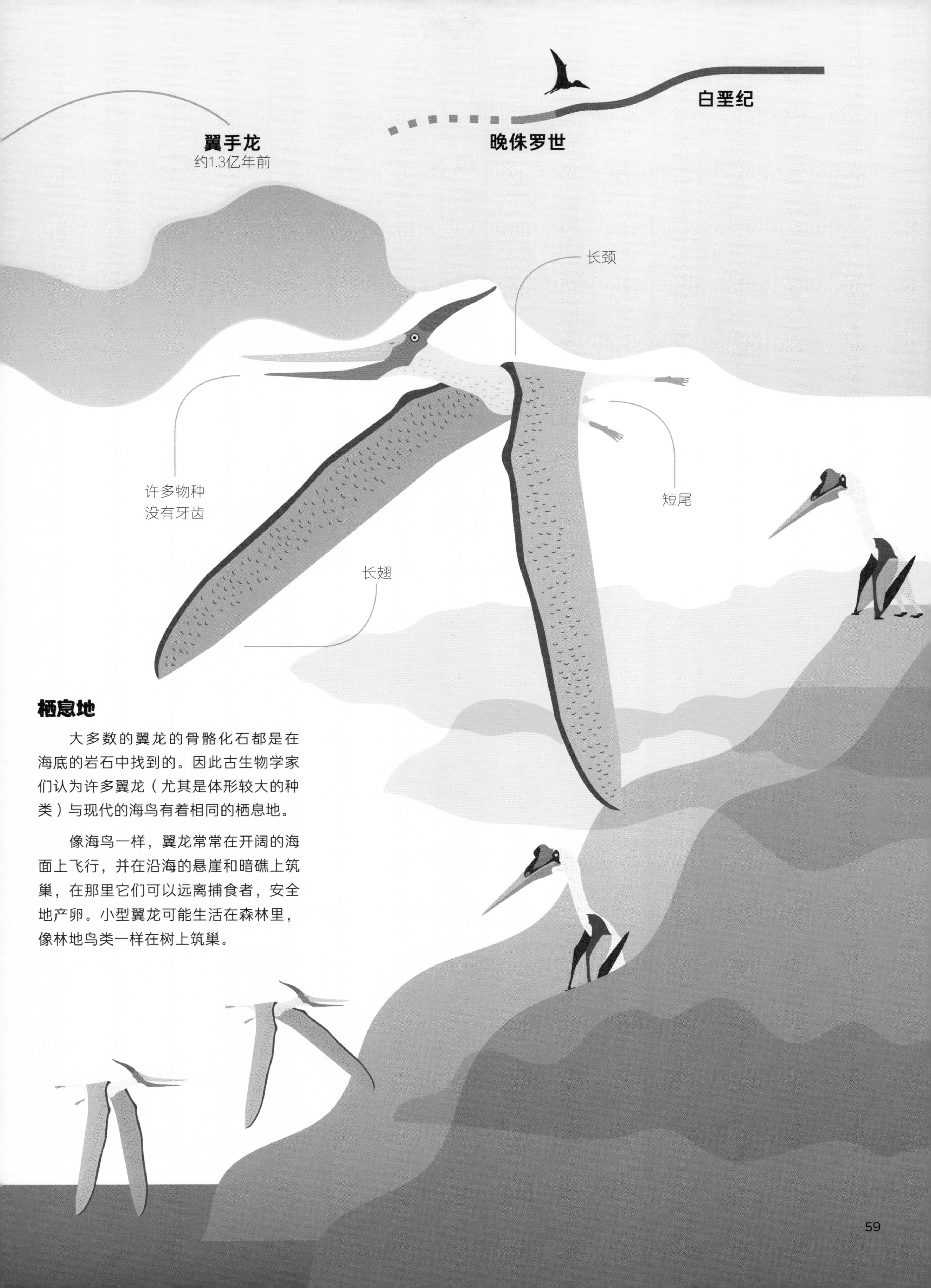

栖息地

大多数的翼龙的骨骼化石都是在海底的岩石中找到的。因此古生物学家们认为许多翼龙（尤其是体形较大的种类）与现代的海鸟有着相同的栖息地。

像海鸟一样，翼龙常常在开阔的海面上飞行，并在沿海的悬崖和暗礁上筑巢，在那里它们可以远离捕食者，安全地产卵。小型翼龙可能生活在森林里，像林地鸟类一样在树上筑巢。

海洋爬行动物

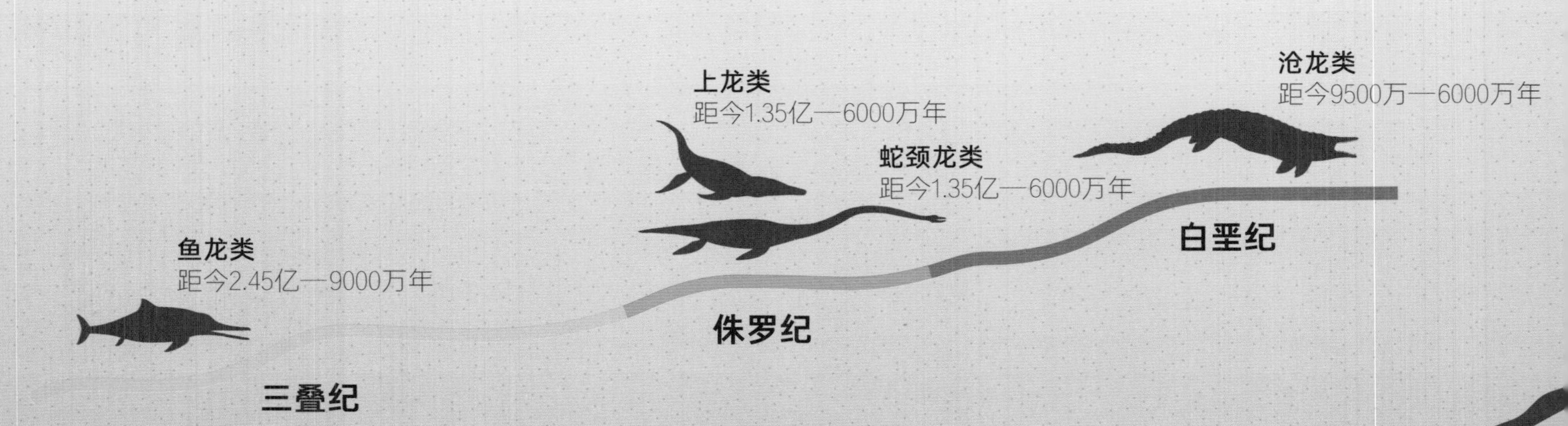

恐龙统治着陆地，海洋便成了其他爬行动物的栖息地，其中一些爬行动物和行走在地球上的动物一样凶猛，它们中的许多物种就像现代的海豚，在海洋中穿梭的速度令人惊叹。还有一些物种和公共汽车一样大！

最早的海洋爬行动物可以追溯到三叠纪初期。它们在整个中生代进化出不同的种类，最后慢慢地走向灭绝。最后一批和恐龙一样消失在中生代末期。

海洋爬行动物必须游到水面上呼吸，就像海豚和鲸一样。

许多海洋爬行动物不产卵。它们是卵胎生动物，和哺乳动物类似。

海洋爬行动物的进化

为了能在水中快速游动，海洋爬行动物的身体必须光滑，并且符合流体动力学。在漫长的时间里，爬行动物的腿进化成了鳍和尾巴，这让它们在水中游动时速度更快，控制力更强。鱼龙尖尖的口鼻处长着锋利的小牙齿，非常适合捕食鱼类。它们摆动有力的尾巴向前游动，需要呼吸时，尾巴也能迅速将它们推至水面上。

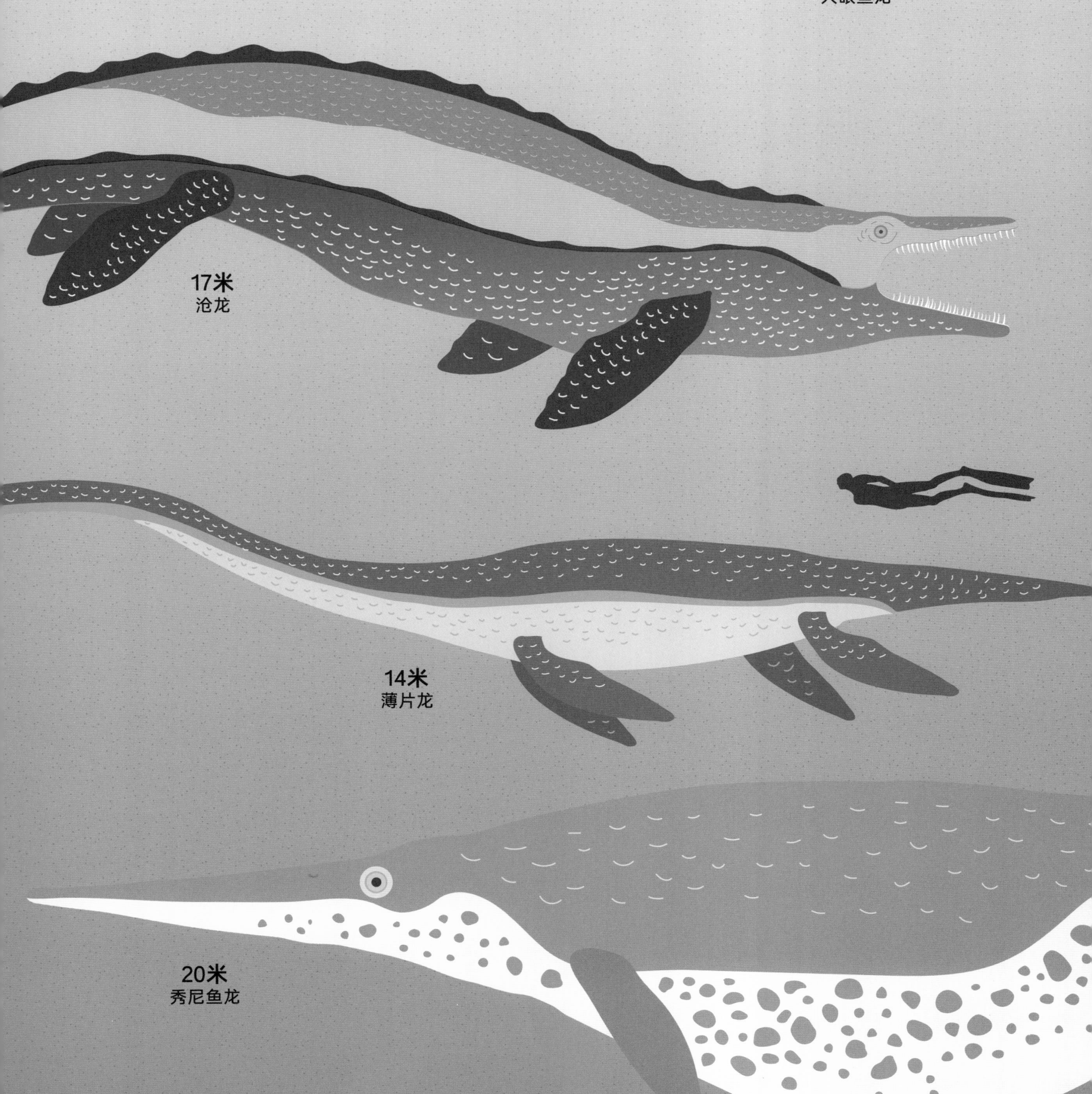

水下游动

鳍是数百万年进化的结果。海洋爬行动物的祖先最初有5个趾，随着时间的推移，爬行动物逐渐适应了水中生活，趾的数量逐渐增加。最终，它们的趾间长出了连接彼此的膜，形成了蹼和鳍，让它们在水中游泳时更高效。像上龙类这样的海洋爬行动物的后鳍比它们的前鳍大得多。古生物学家认为，许多海洋爬行动物游泳的速度非常快，可以达到每小时64千米，和现代的金枪鱼差不多。

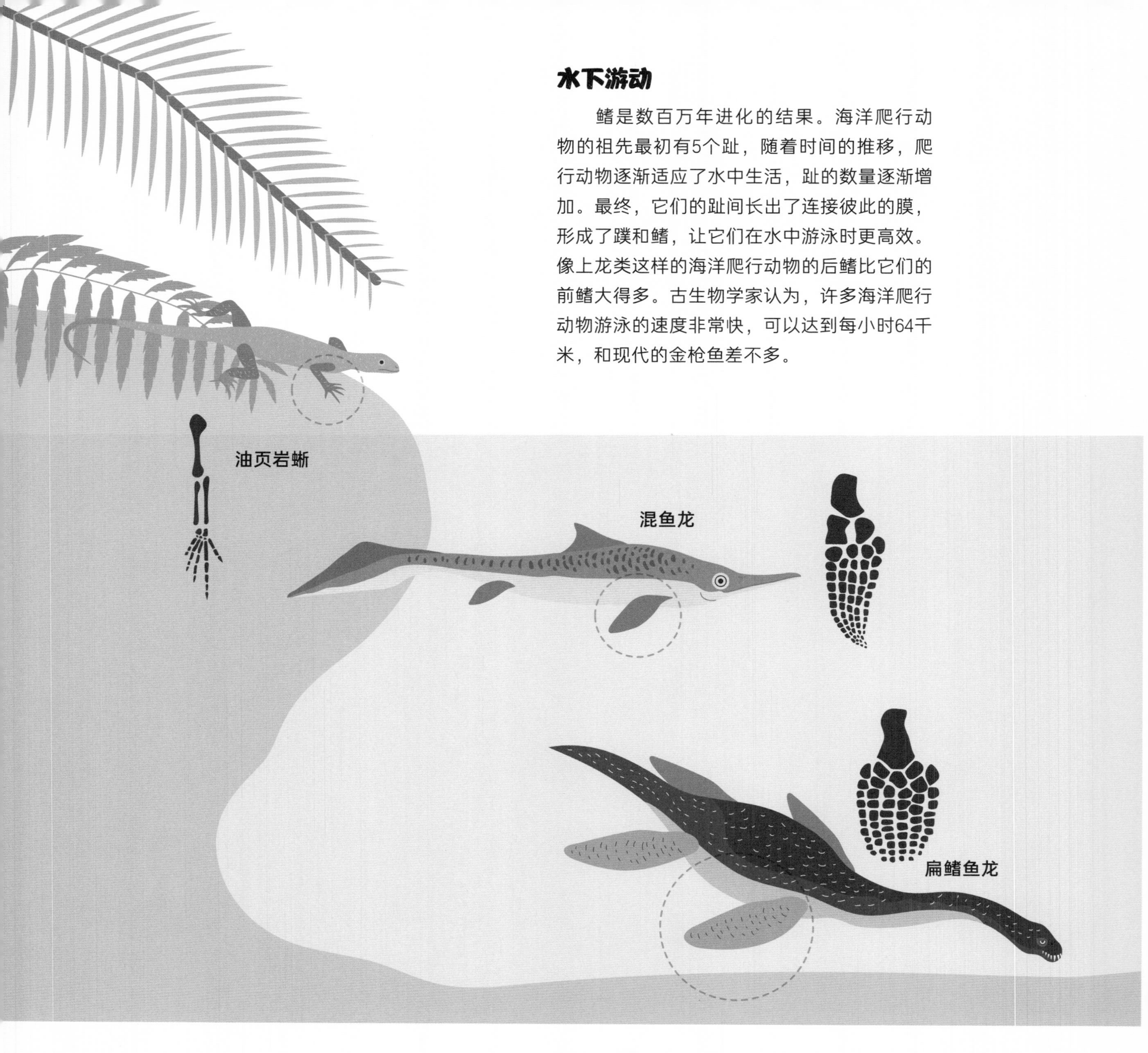

长颈和短颈

上龙类和蛇颈龙类关系非常密切，前者头部很大，身体笨重，而后者更苗条、更优雅。人们可以通过脖子的长度区分它们。蛇颈龙类长长的颈部由许多椎骨组成，支撑着它的小脑袋；而上龙类的颈部较短，看起来几乎像短吻鳄。

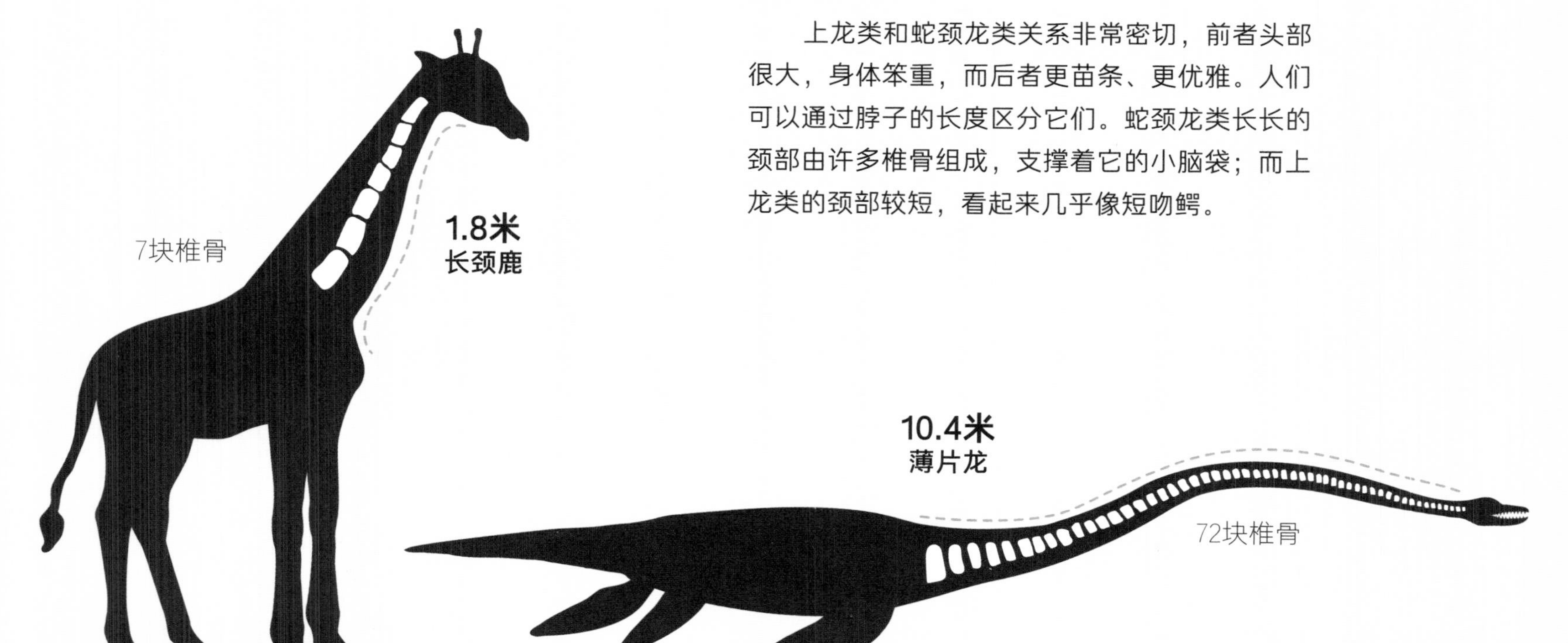

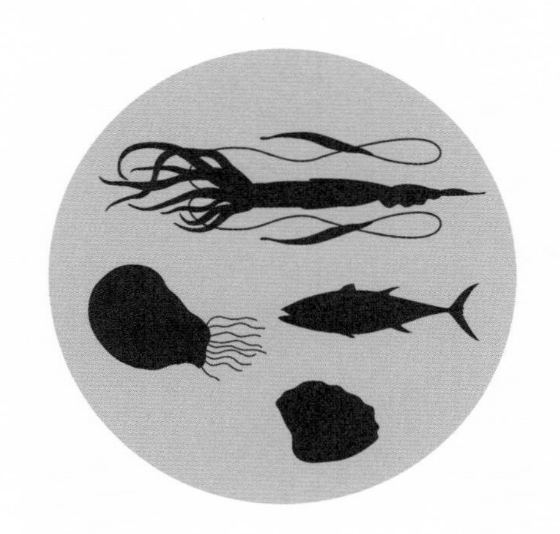

饮食

海洋爬行动物大多是肉食性动物，所以通常有很多大牙齿。根据它们的体形大小和生活的水深度不同，它们会吃其他爬行动物、鱼、菊石和箭石。

大眼睛

在动物王国里，眼睛的大小通常与身体的大小有关。然而，许多鱼龙体形不大，但有巨大的眼睛。例如，大眼鱼龙有4米长，但它的眼睛直径为23厘米，和一个餐盘差不多大！最大的眼睛属于泰曼鱼龙，这种爬行动物有9米长，眼睛直径有25厘米，它和现代的巨乌贼一样拥有世界上最大的眼睛。

如此巨大的眼睛可以帮助这些动物探索阳光照不到的海洋深处。许多海洋爬行动物的眼睛周围都有一个骨质的环，很可能是为了避免眼睛在深水中游泳时承受巨大的压力。

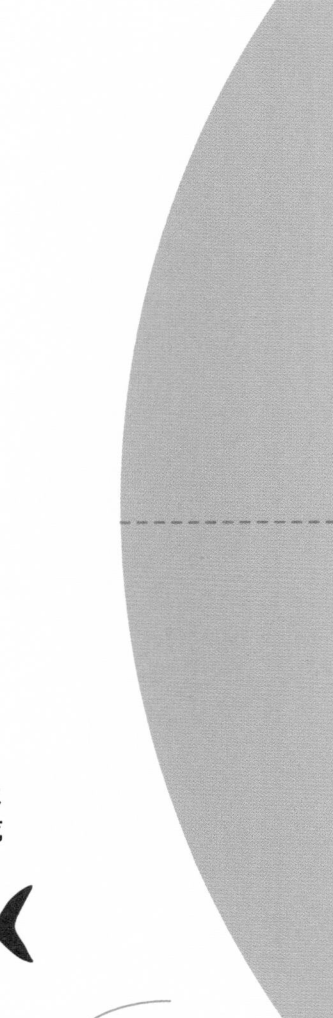

词汇表

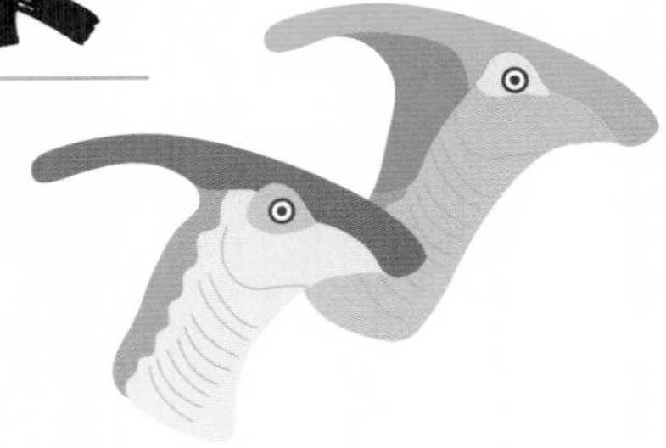

P6~7

古生代	指距今5.41亿—2.52亿年的地质时代，意为“古老生命的时代”。
中生代	也被称为“爬行动物时代”，指距今2.52亿—6600万年的地质时代，意为“中期生命的时代”。中生代末期恐龙灭绝。
新生代	指6600万年前到现在的地质时代，也被称为“哺乳动物的时代”。新生代意为“新生动物的时代”。
双孔类	指今天所有爬行动物及其原始祖先。它们的头骨后方左右两侧上下各有两个孔。根据最新的化石证据和分子生物学证据，龟鳖类被认为是一群颞孔消失了的特化的双孔类。
下孔类	指所有哺乳动物和它们灭绝的祖先，如盘龙类。它们的头骨两侧各有一个孔。
无孔类	指所有最原始的爬行动物，例如中龙。它们的头骨两侧没有孔。

P8~9

分类学	科学家用来给所有生物进行归类的系统。根据共享特征将所有生物归在不同的类群中。
古生物学家	指研究古代生物化石遗迹的科学家。
蜥臀目	指包括兽脚亚目和蜥脚类的盆骨结构如蜥蜴类的恐龙。
鸟臀目	指盆骨结构如鸟类的植食性恐龙，足部形状如蹄趾。
装甲亚目	指长有防御功能的尖刺和骨板的鸟臀目恐龙，包括剑龙类和甲龙类。
兽脚亚目	指所有肉食性恐龙和一些其他食性的恐龙，绝大多数为双足行走，“兽脚”意为“野兽的脚”。
蜥脚类	指巨大的四足恐龙，有长颈、小头、长尾，为植食性动物。
恐龙	生活在中生代的陆地爬行动物，站立行走。鸟类就是由它们进化而来的。“恐龙”意为“可怕的蜥蜴”，是理查德·欧文爵士在1841年创造的名字。
初龙类	中生代统治地球的爬行动物，包括鳄类、翼龙、恐龙（包括鸟类）。
类群、亚目、科、亚科、属、种	指生物从大到小的分类等级，级别越小，生物越相似。

P10~11

三叠纪	中生代的第一个阶段（距今2.52亿—2.01亿年），早期恐龙与哺乳动物开始出现。
侏罗纪	中生代的第二个阶段（距今2.01亿—1.45亿年）。恐龙统治了地球。
白垩纪	中生代的最后一个阶段（距今1.45亿—6600万年）。第一批开花植物开始出现，最后以一场包括恐龙和许多动植物在内的物种灭绝而告终。
泛大陆	连接了地球上所有大陆的超级大陆，存在于古生代末期至侏罗纪。
泛大洋	环绕着泛大陆的巨大海洋，泛大陆解体后，泛大洋也消失了。

P12~13

劳亚古大陆	泛大陆分裂后，于侏罗纪时期形成的北方大陆，包括现在的北美洲、欧洲、亚洲、格陵兰岛和冰岛。
冈瓦纳大陆	泛大陆分裂后形成的南方大陆，包括现在的非洲、印度、澳大利亚和南极洲。
K-T大灭绝	6600万年前，发生在白垩纪末期（K）至古近纪初期（T）之间的灭绝事件。

P16

化石	指保存在岩石里的古代生物的遗骸。

P18

纤维素	构成植物主要成分的结构多糖，通常需要很长时间才能消化。
胃石	某些动物为了帮助磨碎胃里难以消化的植物而吃下的石头。

P27

似鸟龙科	类似于鸵鸟的恐龙，腿很长，生活在距今7600万—6600万年间。它们没有牙齿，主要以植物为食。

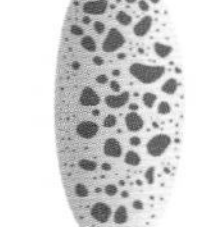
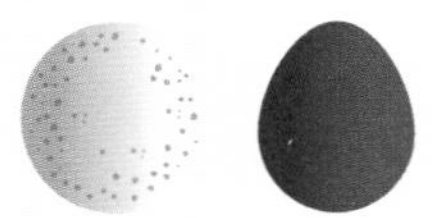

页码	术语	释义
P28	**骨板**	长在某些恐龙身上作为自我保护和防御工具的骨质结构。
32~33	**结节**	一些爬行动物皮肤上小而圆的突起。
	绒羽	比羽毛柔软，覆盖身体，帮助保暖。
	雏绒羽	雏鸟在不能飞行的阶段，覆盖其身体表面的羽毛。
	纤羽	一种又长又细又柔韧的羽毛，可以感受外界刺激（感觉功能）。
	化石遗址	古代生物的化石遗迹被发现的地方。
P34	**色素**	生物体内决定颜色的天然物质。
P37	**爪子**	肉食性动物典型的尖利指甲。
P39	**沉积物**	可能包含化石的岩层和矿物层。
P40	**巢穴**	恐龙筑巢、产卵的地方，并通过多种方式保护卵不受侵害。
P45	**灾难性事件**	自然（且突然发生的）灾难，如地震、火山爆发、洪水或陨石撞击等。
P46	**群体**	一群动物聚集在一起，互相合作，提高狩猎成功的概率，共同照顾幼崽。
	合作	为了一个共同的目标而共同努力。
P48	**两性异形**	同一个物种雄性和雌性在某些特征（大小、颜色、形状等）上的差异。
P52	**扑翼飞行**	需要使用胸部肌肉来带动翅膀的飞行方式。
	被动飞行	一种不需要能量的飞行方式，翅膀只帮助滑翔。
P53	**树栖理论**	关于飞行起源的一种推测，认为动物从一个树枝跳到另一个树枝上学会飞行。
	陆栖理论	关于飞行起源的一种推测，认为动物在陆地上奔跑，偶尔会向远处跳跃学会飞行。
P54	**翼膜**	生长在身体和四肢之间的一层皮膜，能够使动物在空中滑翔。
P63	**菊石**	有触角和螺旋状壳的古代软体动物，外形类似现代的鹦鹉螺。它的英文名字（ammonites）源于埃及的阿蒙神（Ammon），据说他头上长的角就像菊石一样。
	箭石	外形与乌贼相似的古代软体动物，体内有箭头状的鞘。它们是肉食性动物，同时也是许多海洋爬行动物的食物。

霸王龙
阿根廷龙
迷惑龙
慈母龙
超龙
肿头龙
禽龙
鹦鹉嘴龙
副栉龙
赖氏龙

恐龙

伶盗龙
犹他盗龙
驰龙
巴加达龙
剑龙
梁龙
小盗龙
似鸡龙
中华龙鸟
近鸟龙

窃蛋龙
似鸟龙
五角龙
三角龙
钉状龙
镰刀龙
奇翼龙
丝鸟龙
耀龙
小驰龙

翼龙

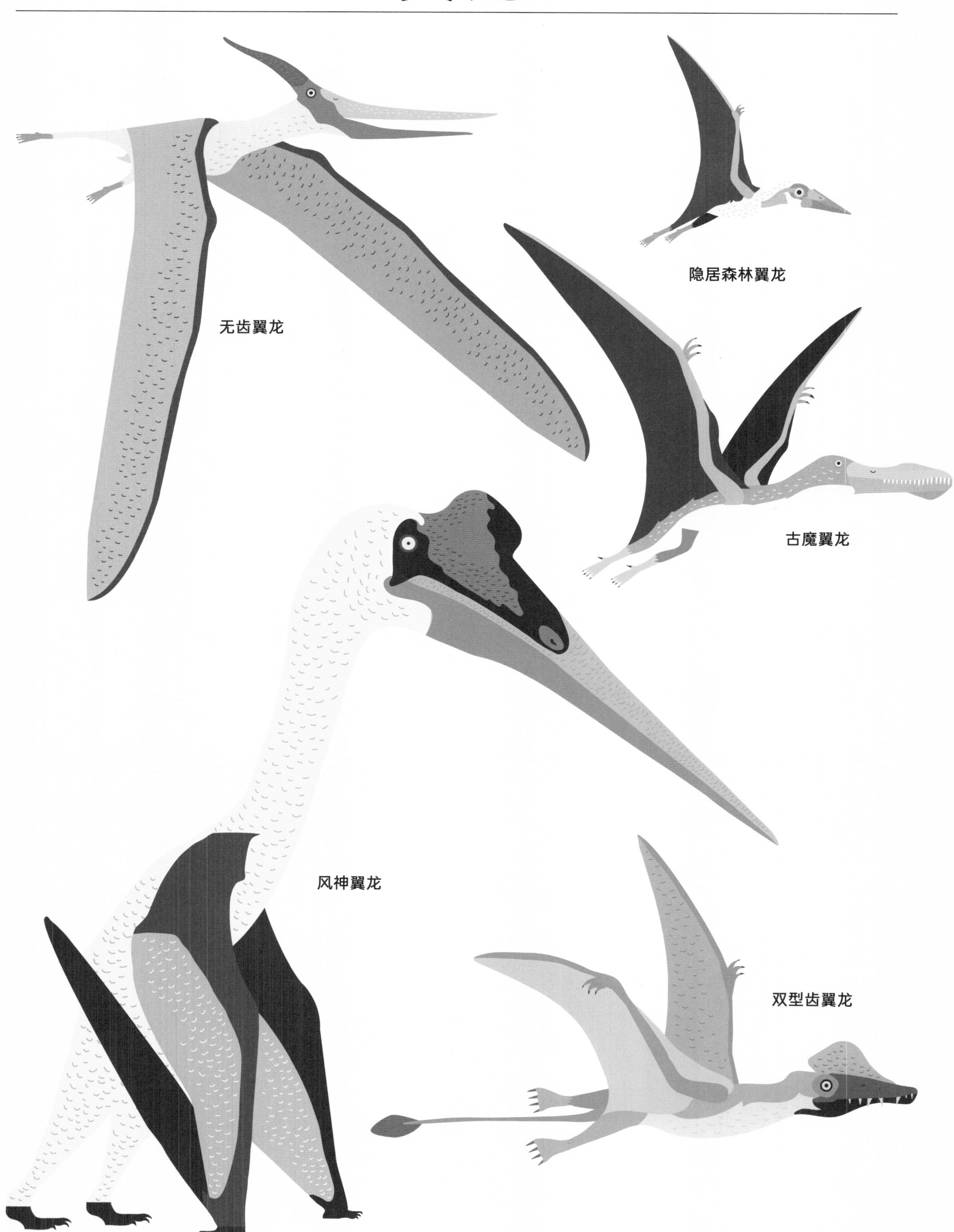

海洋爬行动物

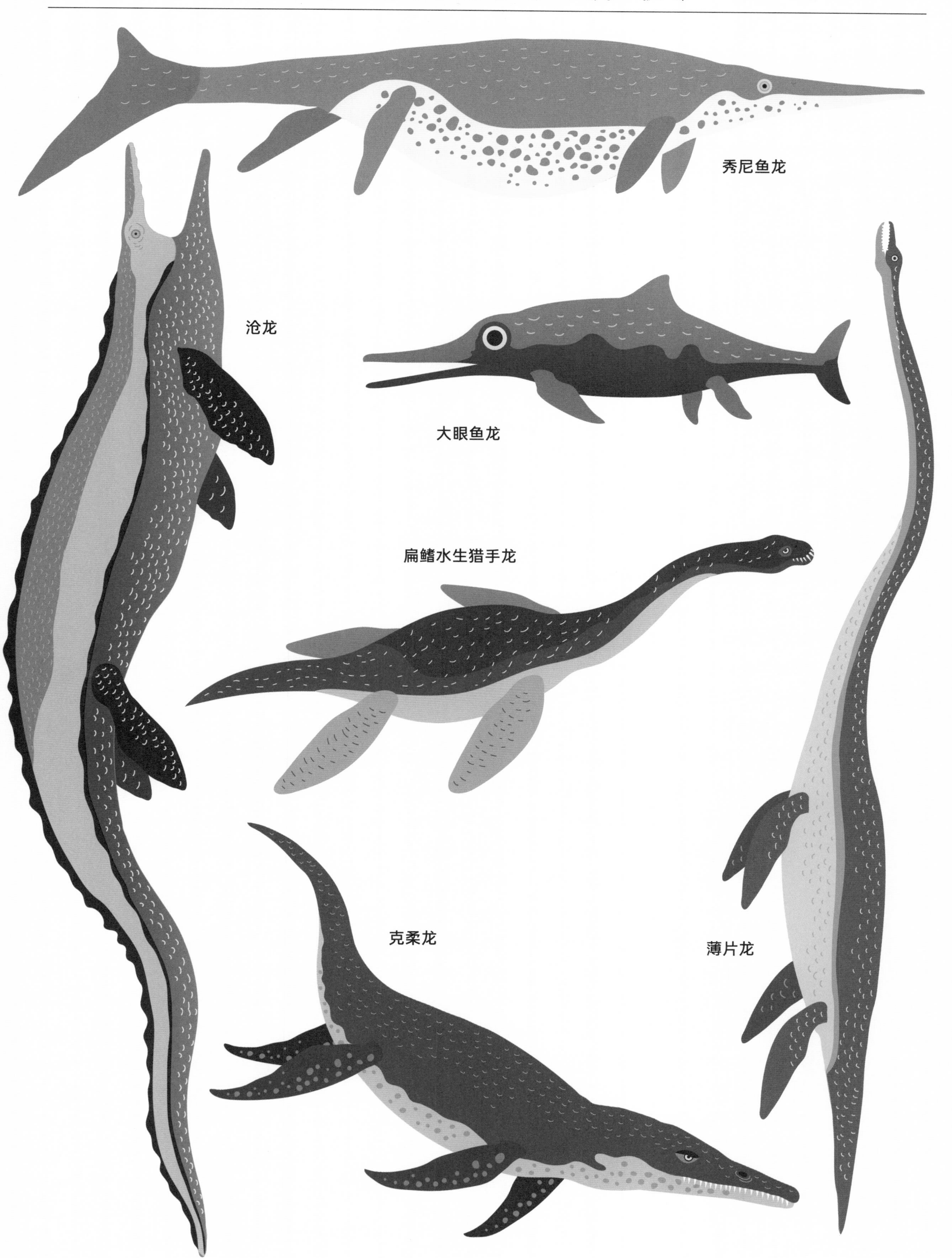

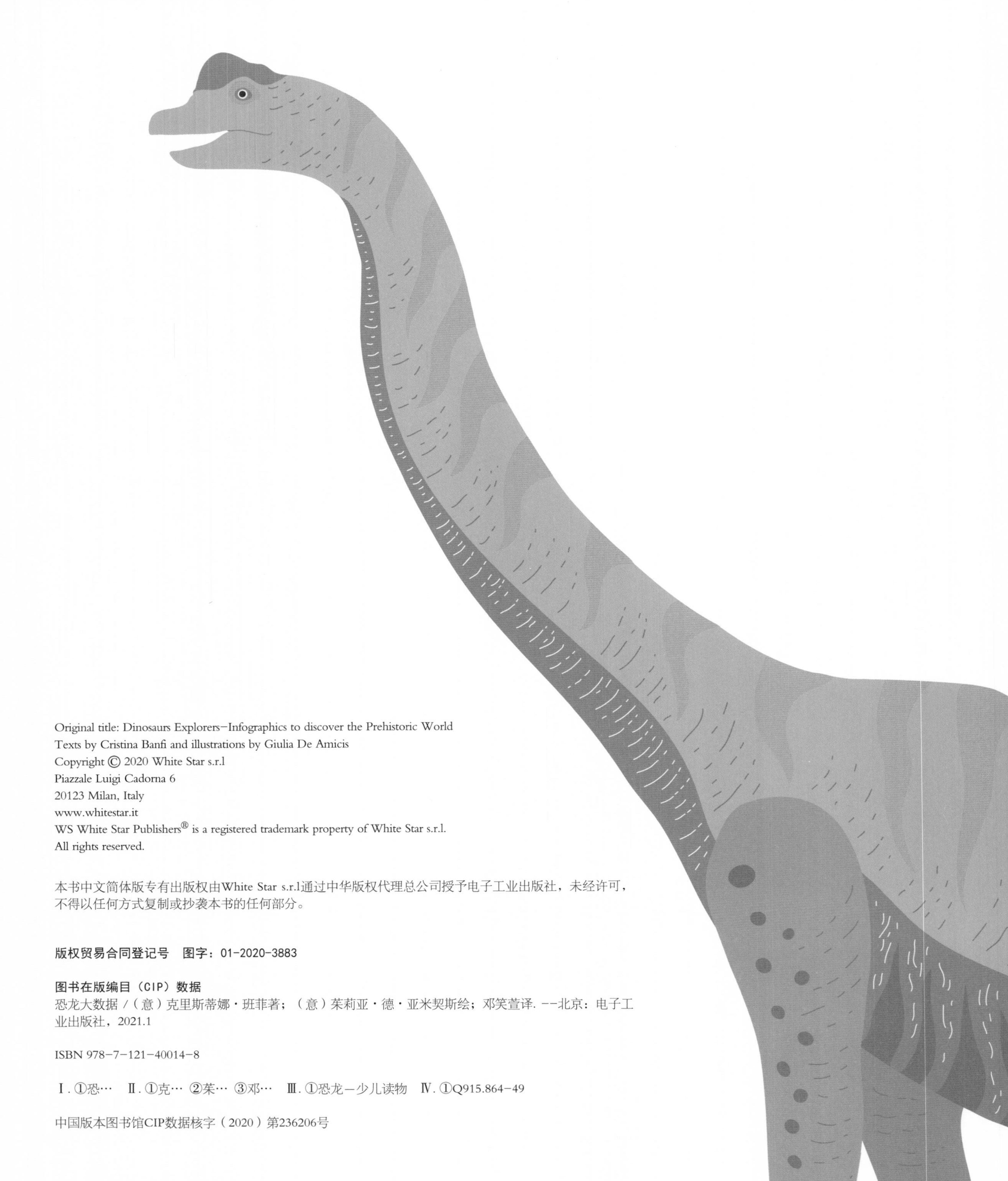

Original title: Dinosaurs Explorers–Infographics to discover the Prehistoric World
Texts by Cristina Banfi and illustrations by Giulia De Amicis

Piazzale Luigi Cadorna 6
20123 Milan, Italy
www.whitestar.it

版权贸易合同登记号　图字：01-2020-3883

图书在版编目（CIP）数据

恐龙大数据 /（意）克里斯蒂娜·班菲著；（意）茱莉亚·德·亚米契斯绘；邓笑萱译. --北京：电子工业出版社，2021.1

ISBN 978-7-121-40014-8

Ⅰ. ①恐…　Ⅱ. ①克…　②茱…　③邓…　Ⅲ. ①恐龙—少儿读物　Ⅳ. ①Q915.864-49

中国版本图书馆CIP数据核字（2020）第236206号

责任编辑：董子晔　　文字编辑：吕姝琪
印　　刷：北京华联印刷有限公司
装　　订：北京华联印刷有限公司
出版发行：电子工业出版社
　　　　　北京市海淀区万寿路173信箱　邮编：100036
开　　本：889×1194　1/8　　印张：9　字数：208.6千字
版　　次：2021年1月第1版
印　　次：2021年1月第1次印刷
定　　价：108.00元

凡所购买电子工业出版社图书有缺损问题，请向购买书店调换。若书店售缺，请与本社发行部联系，联系及邮购电话：（010）88254888，88258888。
质量投诉请发邮件至zlts@phei.com.cn，盗版侵权举报请发邮件至dbqq@phei.com.cn。
本书咨询联系方式：（010）88254161转1865，dongzy@phei.com.cn。